内蒙古财经大学实训与案例教材系列丛书

丛书主编　金　桩　徐全忠

区域资源环境野外实习教程

主　编　张晓娜　王　静

副主编　王　珊　王　慧　魏晓宇

　　　　牟艳军　那音太　刘　伟

　　　　李文龙　彭　浩

参　编　张文娟　崔秀萍　周春生

　　　　龚　萍　徐　杰

U0244380

中国财经出版传媒集团

经济科学出版社

Economic Science Press

图书在版编目（CIP）数据

区域资源环境野外实习教程/张晓娜，王静主编．
—北京：经济科学出版社，2018.12
ISBN 978 - 7 - 5218 - 0060 - 9

Ⅰ.①区…　Ⅱ.①张…②王…　Ⅲ.①区域资源 –
区域环境 – 教育实习 – 教材　Ⅳ.①X21

中国版本图书馆 CIP 数据核字（2018）第 283411 号

责任编辑：郎　　晶
责任校对：刘　　昕
责任印制：李　　鹏

区域资源环境野外实习教程

主编　张晓娜　王　静
副主编　王　珊　王　慧　魏晓宇
　　　　牟艳军　那音太　刘　伟
　　　　李文龙　彭　浩
参　编　张文娟　崔秀萍　周春生
　　　　龚　萍　徐　杰

经济科学出版社出版、发行　新华书店经销
社址：北京市海淀区阜成路甲 28 号　邮编：100142
总编部电话：010 - 88191217　发行部电话：010 - 88191522
网址：www. esp. com. cn
电子邮件：esp@ esp. com. cn
天猫网店：经济科学出版社旗舰店
网址：http://jjkxcbs. tmall. com
北京密兴印刷有限公司印装
787 × 1092　16 开　6.5 印张　140000 字
2019 年 6 月第 1 版　2019 年 6 月第 1 次印刷
ISBN 978 - 7 - 5218 - 0060 - 9　定价：39.00 元
（图书出现印装问题，本社负责调换。电话：010 - 88191510）
（版权所有　侵权必究　打击盗版　举报热线：010 - 88191661
QQ：2242791300　营销中心电话：010 - 88191537
电子邮箱：dbts@ esp. com. cn）

前　言

　　区域资源环境野外实习的对象是综合地理区域，其研究内容不仅涉及区域内的地质、地貌、气候、水文、土壤、植被等综合自然地理要素，而且还包括产业、交通、聚落等生产地域综合体及人口、民族、文化与人地关系等综合人文地理要素。因此，区域资源环境野外实习应从自然地理、人文地理、经济地理等角度分层次进行，并从自然地理要素的考察入手，分析经济、人文等地理要素的类型、结构、地域差异与分布规律，剖析区域诸要素间的内在联系与相互作用，揭示区域整体属性和综合特征，正确评价区域内人口、资源、环境与可持续发展的关系，探求区域开发途径与整治对策。

　　野外考察是地理学研究的主要方法。作为地理学的重要分支学科，地理科学类专业的实践性要求在地理教学中必须设置野外实习环节。这不仅是培养学生野外工作能力的重要手段，也是使其得到区域研究初步训练的根本途径。结合区域地理学科性质、地理教学需求及内蒙古财经大学资源与环境经济学院的教学现状，探讨具有地区特色且多元化的区域资源环境野外实习模式尤为重要。区域资源环境野外实习是全方位、多学科的综合实习，应在同一地区或同一线路上，同时进行多门课程和综合地理学的综合实习，实习组织形式也应以部门地理单科实习与区域地理综合实习相融合的方式进行。据此，区域资源环境野外实习内容应体现出地理学各分支学科的知识体系，如地质学、地貌学、气象与气候学、水文学、土壤地理学、植物地理学等内容及综合自然地理学、人文地理学、经济地理学、区域地理学，并将其融合起来，运用地理学科基本理论，指导学生全面了解实习区域的自然、人文、经济地理要素的类型、分布、结构、特征及其变化规律，以及由各要素相互作用所形成的区域地理综合特征及其地域分异规律。

　　本书针对地理科学类专业学习的特点，围绕专业人才培养目标，突出强调学生实践技能培养，并针对学生专业知识结构特点分层次逐级递进式地设计专业实习教学，对学生在区域综合自然地理因素、区域综合人文地理因素两个方面逐层深入地进行实践教学。全书共分为五个章节。第一章为区域资源环境野外实习的目的和意义；第二章为野外实习调查方法及手段，包括对区域资源环境野外实习内容、路线和方法的设计，自然地理野外调查的主要方法和手段以及人文地理野外调查的方法和手段进行分析介绍；第三章为区域自然地理野外综合实习，围绕阴山山脉中段自西向东考察了大青山地质地貌、山地和高山草甸草原生态系统、内陆湖泊构造形成与演化以及山地垂直地带性特征；第四章为区域人文地理野外综合实习，主要介绍了人文地理野外综合调查的基本方法和基本技巧，人文地理野外综合实习的具体教学环节、实习线路安排和具体实习内容，使学生能够正确评价区域内人口、资源、环境与可持续发展的关系，论证人与环境协调发展的途径与对策；第五章为区域资源环境野外实习成绩评价体系，主要介绍了区域资源环境实习成绩评价方法与评价指标的建立、考评指标评价标准和权重的确定以及学生成绩评定的实施和组织等内容。

本书的编写工作是由内蒙古财经大学资源与环境经济学院相关专业教师历经近两年的时间共同完成的，涉及实习内容广泛，可以为自然地理与资源环境、人文地理与城乡规划等地理科学类专业的实践教学提供参考。

目 录
CONTENTS

第一章　区域资源环境野外实习的目的和意义

区域资源环境野外实习是地理科学类专业教学内容的重要组成部分。它既是地理专业课堂教学的延续和补充，也是系统培养学生独立从事野外调查与研究工作的重要过程。地理学具有很强的实践性，要求地理工作者必须到野外去全面考察，分析地理要素和地理过程的发生、发展与分异规律，以便总结和探讨人地关系的时空演变特征及其地域系统协调共生的根本途径。因此，在地理科学类专业教学过程中，必须注重野外实习教学环节的设计，使学生不仅能获得对地理现象的感性认识，还能获得理论联系实际和进行区域地理研究的初步训练。

第一，扩大地理视野，提高地理思维能力。

区域资源环境野外实习是学生充分接触大自然和人类社会的实践过程，沿途实习内容应丰富而典型。学生在野外考察中因穿越不同的地理景观带，不仅开阔了视野，使课堂上所学的知识和理论得到印证，而且自然界和人类社会中出现的许多地理学问题会引发他们去思考、去探索，从而加深对问题的研究、理解和记忆，提高其地理思维能力。此外，沿途观察到的特殊的地理事物与现象，能使学生产生浓厚的兴趣，激发他们的求知欲，进而转化为地理专业知识学习的强大动力。

第二，培养野外考察和研究技能。

野外考察是地理学研究的重要方法之一，区域资源环境野外实习是让学生掌握地理调查与研究方法的重要教学环节。通过实习可以培养学生掌握野外工作的具体方法，并根据教学要求和实习地区的实际条件，对某些重点内容进行野外观察和调查。在实习过程中，学生可以不断运用罗盘、高度表、地质锤、土壤刀、标本夹以及地形图、地质图、遥感图像等工具和资料，对各观察点进行认真的观察、测量、测试、访问，并做详细记录，必要时还要采集标本、试样，进行填图、摄影等。学生在掌握这些野外调查的基本要求和方法后，还要进行一些独立的调查工作，在对所获得的第一手材料进行分析、整理、归纳、综合的基础上，得出调查的主要结论，从而提高从事野外调查工作和科学研究的能力。

第三，推动"统一地理学"思想的形成与发展。

现代地理学是既包括自然地理，又包括人文地理和经济地理的统一的学科体系。为发展统一地理学，应加强综合性区域地理的研究，改进区域地理教学，培养高水平的区域地理人才。通过区域资源环境野外实习，既可以考察各自然地理要素的结构特征，又可以考察人文、经济地理要素的地域分布与组合规律，综合分析人地关系，探求人口、资源、环境与经济协调发展的问题，因而有利于学生形成合理的现代地理学知识结构和能力结构，有助于推动"统一地理学"思想的发展。

第四，有助于引导学生关注地理学发展的前沿领域和研究重心。

区域发展问题是区域科学研究的前沿问题，而人与自然的相互作用以及处理人地关系所应采取的对策是地理科学领域的研究重点。区域地理学以研究区域环境演化、地域分异、资源利用为核心，着重研究人与资源、环境之间的结构功能和相互作用机理，并预测其发展趋势，拟定调控与管理对策，提出区域可持续发展的优化模型。因此，区域资源环境野外实习设计应体现其研究内容，并在实践中引导学生关注区域资源开发利用等问题，关注地理学发展的核心问题。

第五，有利于素质教育的实施。

培养创新精神与实践能力是素质教育的核心所在。为全面实施素质教育，区域地理教学应改变现有的机械的、与实践相脱节的教学策略，改革教学内容、方法与手段，充分激发学生的主动性与创造性，使其积极参与到整个教学过程中，形成勤于动手、乐于探索的良好学习习惯。区域资源环境野外实习是实践性的教学过程，在教师的指导下，学生不仅可以提高动手操作能力，还可以通过积极思考，对区域整体属性进行分析，综合运用相关理论解决区域发展问题，从而使所学理论与实践活动得到有机的结合。

第二章　野外实习调查方法及手段

第一节　区域资源环境野外实习的设计

 **一、区域资源环境野外实习的设计原则**

（一）体现区域地理学科的性质

区域地理学是研究一定地域内地球表层系统的科学，在研究内容与研究方法上具有高度的区域性、综合性、交叉性和实践性，因此区域资源环境野外实习设计应充分体现其学科性质。

区域是指一定范围内的地理空间。作为一个实在的地理现象，区域具有其本质的而非人为赋予的性质，即整体性、结构性和功能性。区域地理野外实习设计要体现出区域的三大特性，在野外考察中应从自然地理、人文地理、经济地理等角度分层次观察区域的空间结构、经济结构、城乡结构、资源—环境结构乃至于行政结构和文化结构，并剖析区域诸要素之间的内在联系与相互作用，揭示区域整体特征。

区域地理学的研究对象是综合地理区域，其研究内容不仅涉及区域内的地质、地貌、气候、水文、土壤、植被等综合自然地理要素，还包括产业、交通、聚落等生产地域综合体及人口、民族、文化与人地关系等综合人文地理要素。因此，区域地理野外实习内容的设计应综合考虑以上各要素，从自然地理要素的观察入手，依次观察经济、人文等地理要素的类型、结构、地域差异与分布规律，归纳区域特征，论证人与环境协调发展的途径与对策。

区域地理学的实践性要求在地理教学中体现理论与实践相统一的原则，而野外考察是实现这一原则的重要途径。区域资源环境野外实习不仅要巩固和加深学生课堂所学的知识，使其掌握野外考察的基本方法和技能，而且还要体现出应用性原则，即运用地理学的地域分异理论、人地关系理论、区域开发理论等基本原理和方法解决资源开发与区域发展问题。因此，学生在野外考察中应全面掌握区域内人口、资源、环境与发展的关系，并从经济与社会发展的角度来评估区域资源与环境状况，探讨建立资源节约型社会经济体系的途径。

（二）体现区域资源环境的结构与特性

研究综合地理环境结构是区域地理学的任务。作为一个完整的物质体系的综合地理环境系统，由于各组成要素或组成部分之间相互联系的形式及过程不同，形成了不同的空间结构和时间结构，并具有鲜明的分层性、交织性、集中性、综合性、差异性、多级性、开放性和动态性等结构特征。

区域资源环境野外实习的设计应体现出地理环境在空间上的组成结构和地域结构。组成结构是指地理环境中各组成要素相互联系所构成的格局，其实质是地理环境整体性的基本反映。区域资源环境野外考察的任务是阐明各组成要素之间的相互联系和相互作用，并确定一定等级区域的整体属性和综合特征。地域结构是指地理环境不同的综合体之间相互联系所构成的格局，其实质是地理环境地域差异的基本反映。区域地理野外考察应按地域分异的层次进行，分别从地带性与非地带性、水平地带性与垂直地带性、地方性等角度分级别考察区域地理现象的差异，探讨区域分异产生的原因及过程。

区域地理环境的时间结构是指在维持空间结构的基础上，环境随时间的周期性变化的模式。它要求野外实习从动态的角度考察地理过程与地理现象，从中找出它们在时间上的演替规律，并预测其发展变化的趋势，为区域宏观调控提供依据。

（三）体现基本地理过程与地理规律

区域资源环境野外实习是多方位的综合实习，即在同一地区和同一路线上，同时进行多门课程和综合地理学的实习。因此野外实习内容应体现出地理学各分支领域的基本过程和规律，如气候过程、地貌过程、水文过程、生态过程、空间经济过程和其他人文地理过程，以及由上述过程相互作用所形成的地带性、地域分异性、节律性、系统性等地理规律，以验证书本知识，加深学生对问题的理解和研究。

（四）体现乡土地理教育思想

地理科学类专业学生需要掌握乡土地理调查与研究的方法，具有结合家乡实际情况进行地理教育与地理研究的能力。因此，区域地理野外实习应与乡土地理教育相结合，实习区域与路线最好选择高校所在省（区）地域范围内，使学生在了解家乡地理环境概况的基础上，深入乡土地理研究，为家乡经济发展献计献策。

（五）体现教学方法论

区域资源环境野外实习是教学内容最为生动、丰富的教学环节，在教学方法的设计中应体现知识性与思想性相结合、传授知识与发展智能相结合、教师主导作用与学生主体作用相结合的特点。在实习中除对学生进行专业知识教育外，还要进行理想、道德、纪律、劳动和爱国主义教育，实现对其综合能力的培养。在野外考察实践中，教师应通过创造情境，充分调动学生的观察力、记忆力、思维力，挖掘他们的智能发展因素，提高他们的动手操作能力、发现问题能力、解决问题能力和科学创造能力。

 二、区域资源环境野外实习内容的设计

为体现自然地理环境空间结构的多级性与差异性，野外实习中对综合自然地理区域的考察应按一定的等级序列进行，即以自然地带—自然区—自然小区的次序来观察各类地理过程和地理现象，以体现景观差异及地域分异的层次性，揭示地域分异的主导因素。自然地带是按水平地带自然景观类型差异划分的高级别地域，一个自然地带内部具有相同大气候下的热量指标、干湿状况以及反映大气候特点的自成土类与植被群系纲。自然地带的划分和确定，通常以标准立地为依据，它在生产实践上反映第一性生产的性质和潜力。自然区是自然地带内按大地貌单元划分的、在发生上相同的次一级地域，是地带和非地带的统一体，在其内部可有一个或多个自然小区。自然小区是最基层的自然地理区域单元，具有一定的土地类型及空间结构，在其范围内可观察到地质结构、地貌形态、地表水和地下水、小气候、土壤变种和生物群落等相互联系的自然综合体有规律地重复出现。区域资源环境野外实习考察的目的是确定调查区所处的自然地带或非地带的位置、界线、内部特征及边界性质，了解自然区和小区的划分、内部结构、地方性差异与立地研究、土地利用、景观生态建设以及自然地理综合体的分异与组合规律。

综合经济、人文地理要素的考察要以不同的人文地理区域单元为单位，分别考察各单元内的产业、聚落、交通运输、人口、民族、民俗、语言以及其他社会、经济、文化活动特征与形成机制，进而总结出不同地区人类活动的相似性与差异性、各产业部门之间的相互关系以及在地区上的联系，并从中归纳出人类活动与地理环境的关系，找出区域可持续发展的制约因素与实现途径（区域资源环境野外实习的设计内容详见图 2-1）。

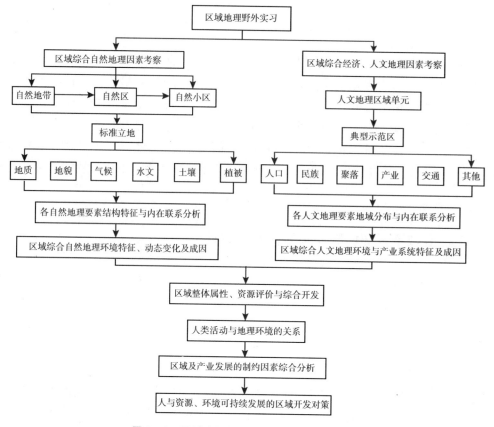

图 2-1　区域资源环境野外实习内容设计图

三、区域资源环境野外实习路线的设计

根据教学目的，区域资源环境野外实习地区的选择一般是以景观类型的多样性、典型性、代表性与实习地区的方便性为原则，以观察不同地理景观与地理界线类型的典型特征与过渡性质。野外实习路线的选择以在较短的距离内能观察到较多的和较全的地理现象为原则，同时要尽量经过地理现象的典型地段和问题突出的地点，以便在那里设立观测点进行详细的调查，以点线结合的方式掌握区域分异的基本规律以及人地关系的相互作用机理。因此，野外实习应选择那些能够穿越几个自然地带和人文活动地区的路线，以便从整体上对比不同自然地带与人文活动区的差异及从一个地区到另一个地区的过渡性质与边界现象。同时，必须在每个自然地带内选择若干典型自然区与小区，以掌握每个自然地带本身的特征以及自然区与小区的界线划分和内部结构。典型自然区应包括从最高到最低的整个生态系列，应有能反映大气候特征的标准立地，能反映地方性差异的非标准立地，以及能反映地形垂向分异的垂直立地。这样，才能反映一个地域的完整特征。

本次区域资源环境野外实习中，自然地理野外综合实习路线主要围绕阴山山脉中段，自西向东考察大青山地质地貌、山地和高山草甸草原生态系统、内陆湖泊构造形成与演化以及山地垂直地带性特征。考虑到景观类型的多样性、典型性、代表性及过渡性，以点线结合的方式掌握区域分异的基本规律及人地关系的相互作用机理，结合自然地理野外综合实习路线，人文地理野外综合实习区位于内蒙古自治区乌兰察布市凉城县。凉城县具有几千年的历史文化底蕴，作为乌兰察布市农业、工业、文化和旅游发展的重要地区，区域内独特的自然地理环境和人文环境，使得人地关系具有显著的区域差异性，能满足较多教学内容实践的需要，达到综合考察实习的目的。该地区具备人文地理野外综合实习内容的基本条件，因此内蒙古财经大学资源与环境经济学院将凉城县作为人文地理野外综合实习基地。

通过上述区域资源环境野外实习线路，可以从整体上对比不同自然地带与人文活动区的地域差异，并从地质、地貌、气候、水文、土壤、植被等自然地理要素的考察入手，进而开展产业、交通、聚落及人口、民族、文化与人地关系等人文、经济地理要素的分析，剖析区域诸要素间的内在联系与相互作用，使学生能够正确评价区域内人口、资源、环境与可持续发展的关系，论证人口与环境协调发展的途径与对策，达到综合考察实习的目的。

四、区域资源环境野外实习方法的设计

（一）路线观察与定点考察相结合

区域资源环境野外实习可以采取沿途路线观察与典型区定点考察相结合的方式进行。在实习途中可看到不同的自然地理景观与人文地理景观的区域分异与变化状况，能够增加学生对地理景观的感性认识，使学生观察到更多的地理客体。然而，学生仅进行长距离的途中观察，只能是"走马观花"，对地理事物和现象的认识不深。为深入掌握自然地带特征和全面考察人文、经济现状，还必须"下马观花"，仔细观察。在每一类地理景观内选择若干典型区进行深入细致的调查研究，以揭示各要素的内在联系，正确评价人地关系与资源条件，探求区域开发途径与整治对策。

（二）区域分析与综合相结合

区域是由各类要素组合而成的一个整体。认识这个整体，一是要分析，二是要综合，二者缺一不可。分析是对整体的分析，是从细节方面认识整体的各部分；综合则是通过协调各部分，从全局上把握整体。显然，在区域资源环境野外实习中，要以综合地理区域为单元，对其地理要素进行逐一分析，探究其内在联系和相互作用，在全面考虑构成综合地理区域的各组成成分和其本身综合特征的基础上，为区域开发与人地关系协调发展提供决策依据。

（三）地域性与动态性相结合

综合地理区域作为一个系统，除具有整体性外，还具有空间上的地域性和时间上的动态性。地域性是指地理区域各组成部分以及整个景观在地表空间上按一定的层次发生分化并按确定的方向有规律分布的现象，是区域地理环境空间地域结构的体现，它在自然、经济、社会、文化等各个方面都有相应的表现形式。动态性是指区域地理环境的结构和功能随时间的推移而发生变化的现象，是区域地理环境时间结构的体现。为体现区域地理环境的时空结构特性，区域地理野外考察应按综合地理区域的地域分异层次进行，并从动态的角度观察其发展演化规律。

（四）直接标志与间接标志相结合

区域地理野外考察应以地理环境的直观特征为对象，以地理要素的直接标志为主，分析确定地理现象的类型和特征（如用地貌形态、作物种类以及人工林木等直接标志确定剥蚀面的性质）。同时还应考虑间接标志的辅助意义，用其表征在地理环境中无法直接观察到的地理事物（如综合自然地界线常用土壤、植被表征，温度带的划分常用作物种类表征，人口密度常用聚落规模、聚落间距表征）。野外考察应将二者结合起来，以全面揭示区域地理环境的综合属性。

第二节　自然地理野外调查的主要方法和手段

野外调查工作往往是在一个比较大的区域里进行。由于时间紧迫、内容繁多，初次接触者难免产生无从下手的感觉。既然野外调查的目的是了解整个区域的概况，那么不妨先将整个区域分割成若干个小块，逐个解剖，然后再将其拼接起来，形成一个整体。

区域调查的基本思路就是：点—线—面—体—变。即由单个观察点（点）入手，将数个相关的观察点连成一条剖面线（线），再以数条剖面线控制一个区域（平面和立体空间），然后根据地区的形态、成因、分布和时代的内在关联，分析区域的特色，形成演变过程。

区域调查的主要目标是对该区域地质发展历史的准确认知和整体把握，是为了进一步了解该地区与周边地区的关系和影响，寻找它们内在的联系和发展规律，搜集必要的区域资料，同时也为下一步深入研究打下坚实的基础。接下来将介绍在自然地理野外调查中常涉及的具体的调查方法和手段。

一、地图在地理调查中的应用

地图是以图形的形式直观地表示自然和人文客观事物的一种媒介。按照地图表示事物的内容划分，有普通地图和专题地图。前者全面地表示地表事物，包括境界、交通及通信、水分、聚落、植被、地形、土质等要素。我们阅读普通地图，可以全面地了解地面的事物及其相互关系，因此其具有重要的应用价值。专题地图是指以表示某专题要素为主的地图，它突出、详细地反映一种或几种专题事物。地图应用测量技术、航空摄影技术、地图编绘技术生产出来，供人们根据自己的需要使用。

在地理野外调查或实习中，普通地图具有重要的意义，尤其是地形图。如果实习地区亦是旅游区，旅游地图、交通地图也可用于确定、组织和计划实习路线。地质图、构造体系图、植被图、土壤图、水文图、行政区划地图等都是重要的资料地图。

地理学的研究对象具有地域性的特点，其空间规模之大，常常是人们的肉眼所无法企及的。正因如此，地图是地理工作者不可缺少的工具，地理调查和研究的成果也常常借助地图予以反映。

在地理野外调查工作中，地形图是不可缺少的工具和参考资料。因此，地形图的应用是野外地理实习的一项重要内容。

（一）地形图的选择

1. 比例尺选择

目前野外工作最常采用的地形图比例尺为 1∶10000～1∶100000，详细的比例尺为 1∶5000～1∶10000。

2. 对地形图资料适用性的评价

应对选定比例尺的地形图上的各种要素的精确性、完备性和现实性进行初步的分析评价，判断其是否符合野外调查的要求。分析的内容包括：出版时间、图面水系、地貌、植被、居民点、道路、境界和有关地物等要素的详细程度，比例尺、方里网等完善程度。应该说明的是，出版时间较久的地图，虽然现实性差，但对于分析地理事物的历史变化来说却常常是难得的资料。

3. 野外实习用图的携带

野外实习期间携带地图，常将地图加以折叠。折叠方法一般是按背包或图夹的大小，将图折成手风琴式，以免磨损图面。折叠时，要尽量减少折棱，注意折棱整齐、无破损，以便于野外看图。

（二）地形图在野外的使用

1. 野外定向

在野外使用地图，首先要求地形图和实地方向一致，常用的方法是借助罗盘或根据地物。

依磁子午线定向地形图的南北内阔线上，常注有磁北和磁南两点，将罗盘的南北线与地图上标有的磁南北重合，再转动地图，当罗盘的指北针指北时，即已完成地图定向。

依真子午线定向将罗盘仪的南北线与地图上东西线重合，再转动地图，按图下方的三北方向图所注磁偏角数值，使磁北针指向相应的分划。

根据地物、地貌定向是一种最简单最迅速的定向方法，首先是实地找到与图上相对具有方位意义的明显地物，然后在站立点转动地图，当图上的两个或两个以上的地物与实地队形的地物的方位一致时，即完成了概略定向。

2. 野外定点

在地形图上确定自己站立的位置，是野外用图和填图的一个重要前提。最简单的概略定点的办法是根据图上和实地明显的地物或地貌的对应关系，确定位置。作业时掌握方位的距离最为重要。

3. 实地沿途对照

沿行进路线观察应手持地图，随时对照实地地貌、地物的变化，估算行进的方向、速度和距离，确定自己在途中的位置，判定自己在图上的位置，并标出自己行进的路线。

4. 野外填图

在野外把专业调查的内容按规定的符号或文字标绘在图上，叫野外填图。在野外填图，可以直接绘在地形图上，也可以绘在蒙在地形图上面的透明纸上。

 二、地质、地貌观察方法及手段

（一）岩石识别与岩石块体描述

岩石按其地质成因划分为岩浆岩、沉积岩和变质岩三大类，三类岩石可以相互转化，因此在野外精确地识别岩石的种类，即便是专业的地质工作者也难以做到，更何况地理工作者。但是，作为一种基本能力，对地理工作者的要求是，能够在野外区分出岩浆岩、沉积岩和变质岩三大类岩石（见图2-2），并识别其代表性的种类。

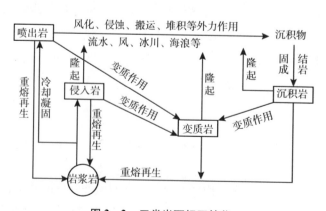

图 2-2　三类岩石相互转化

1. 岩浆岩的识别

依据化学成分与矿物组成，岩浆岩可划分为酸性岩、中性岩、基性岩和超基性岩四类；依据结构、构造与产状其又可分为深成岩、浅成岩和喷出岩三类。综合的主要岩浆岩野外鉴定特征表如下（见表2-1）。

表2-1　　　　　　　　　　　　　　　　主要岩浆岩鉴定特征表

岩类与 SiO_2 含量		酸性岩：SiO_2 含量 >65%	中性岩：SiO_2 含量 52%~65%	基性岩：SiO_2 含量 45%~62%	超基性岩：SiO_2 含量 <45%
主要矿物成分		含石英	很少或不含石英		无石英
典型结构、产状、构造		正长石为主	斜长石为主		无或很少长石
		暗色矿物以黑云母为主，约占10%	暗色矿物以角闪石为主，约占20%~45%	以辉石为主，约占50%	橄榄石、辉石含量达95%
喷出岩	渣块体气孔状杏仁状流纹状	玻璃	火山玻璃：黑耀岩、浮石等		
		隐晶斑状	流纹岩	粗面岩	安山岩	玄武岩	—
浅成岩	斑杂状块状	伟晶结晶	脉岩：伟晶岩、细晶岩、煌斑岩		
		斑状	花岗斑岩	正长斑岩	闪长斑岩	辉绿玢岩	—
深成岩	块体	显晶等粒	花岗岩	正长岩	闪长岩	辉长岩	橄榄岩辉岩
岩石颜色		浅色（带红）	中色（带灰）	暗色（带绿黑）	
岩石相对密度		2.5~2.7	2.7~2.8	2.9~3.1	3.1~3.5

岩浆岩是由结晶程度各异的造岩矿物组成的，在鉴定时，可以首先以石英为标志矿物，区分出含石英的酸性花岗岩类、中性正长岩或角长岩类，不含石英的基性玄武岩类、超基性的橄榄岩类。其中酸性岩类石英含量较多，中性岩类石英含量较少，基性岩和超基性岩类中肉眼找不到石英。其次根据正长石、黑云母组合，正长石、斜长石和白云母组合，确认属于花岗岩类还是正长岩类。闪长岩类的主要造岩矿物是斜长石、角闪石、辉石、白云母。橄榄石类主要由暗色矿物橄榄石、辉石和氧化铁组成。喷出岩则主要根据所具有的流纹构造（流纹岩）、气孔构造（如浮石）、杏仁构造（如玄武岩）等熔岩在地表流动、快速冷却所特有的岩石构造来识别。

2. 沉积岩的识别

沉积岩的基本特征是具有层理构造，这是它与岩浆岩、变质岩的基本区别。在产状上，沉积岩以层状产出，而岩浆岩主要以块状产出，变质岩多以片状或块状产出。识别沉积岩主要靠其结构与构造特征。其中，结构分为泥质结构、碎屑结构和化学结构与生物结构三种，层理构造又有水平层理、斜层理、交错层理之分（见表2-2）。此外，在特殊条件下形成的层面构造、结核、生物化石也是识别沉积岩的重要标志。

表2-2   主要沉积岩鉴定特征表

结构			构造特征	岩石名称	亚类
泥质结构			厚层状、致密	泥岩	—
			层理发育	页岩	—
碎屑结构	粒径（mm）	0.005~0.05	水平层理、小型斜层理	粉砂岩	按胶结物成分等再分亚类
		<0.25	水平层理、交错层理	细砂岩	
		0.25~0.5	交错层理、水平层理	中砂岩	
		0.5~2.0	斜层理、交错层理	粗沙岩	
		0.25~2.0	石英砂>90%，SiO_2胶结	石英砂岩	
			长石砂>25%，石英砂<75%	长石砂岩	
		>2.0	棱角状砾石为主	角砾岩	
			磨圆砾石为主	砾岩	
化学结构与生物结构			贝壳状断口、薄层（偶有海绵状骨针者为燧石）	燧石	海岸沉积而成
				碧玉岩	与火山沉积有关
			层理清晰	石灰岩	竹叶状灰岩
					生物碎屑灰岩
					鲕状灰岩
					化石灰岩
					结晶灰岩
			含SiO_2，层理极明显	硅质灰岩	燧石条带灰岩
			水平层理	白云岩	—
			水平层理	泥灰岩	—
			K、Na、Ca、Mg的易溶盐类	蒸发岩	石盐、石膏、硼砂
			各种有机质堆积变化而成	可燃有机岩	煤、石油、天然气

3. 变质岩的识别

变质岩的鉴定特征，首先是具有矿物再结晶形成的变晶结构和在定向压力作用下形成特殊的片理构造（见表2-3），其次特殊的变质矿物也是识别变质岩的重要标志。

表 2-3　　　　　　　　　　　　　　主要变质岩鉴定特征表

结构	构造与特征	岩石名称	主要矿物
变质结构	细片状、条带状构造	变粒岩	长石、石英
	块状结构	麻粒岩	斜长石 + 暗色矿物
	块体构造	榴辉岩	辉石、石榴子石
	偶有条带状构造	石英岩	石英
	有条带状构造	大理岩	方解石
鳞片状变晶结构	板状构造	板岩	
	片状构造	片岩	云母、绿泥石等
	千枚构造	千枚岩	绢云母、绿泥石等
斑状变晶结构	片麻构造	片麻岩	片状和柱状矿物
角岩结构	块状构造、片理不清	角岩	普通角山石、斜长石
细粒或等粒结构	片状、条带状构造	变粒岩	长石、石英

4. 地层和岩石的描述

在描述岩石和地层时，首先应描述岩石的类型或名称、层序、厚度、产状、节理与裂隙；其次要描述裂隙分割岩石状况，近地表地层或岩石的坚硬程度、风化程度等。常见的描述岩石坚硬程度与风化程度的方式如表 2-4 所示。

表 2-4　　　　　　　　　　　　　岩石坚硬程度与风化程度描述

坚硬程度	直感	无侧限强度（MPa）	风化程度	特征
坚硬	地质锤多次击打岩石才破裂	>200	未风化（新鲜岩石）	无褪色、无强度降低
硬	地质锤一次击打岩石及破裂	100~200	轻度风化	强度褪色，裂隙表面褪色明显，强度降低
中等坚硬	小刀刮不动表面，锤击表面成小坑	50~100	中等风化	岩石大部分褪色，风化沿节理、裂隙深入，厚度不足 1m，底部弱风化明显
软	小刀可切出痕，锤击显碎末坑	25~50	强风化	褪色彻底，近节理、裂隙处岩石结构已彻底改变
很软	小刀可切割，地质锤一击即破碎	1~25	完全风化	岩石彻底褪色，结构、构造极少残存，已成土壤

岩石不连续面的类型、特征及其产状（见表 2-5）也是野外描述的重要内容。

表 2 - 5 不连续面各方面特征的描述

类型	宽度	填充情况	手感粗糙度
断层与断层带节理、剪裂隙、张裂隙	极宽，>20m	无填充	磨光
	很宽，6～20m	松散物填充	断层擦痕
	宽，0.2～6m	黏土填充	平整
片理	次宽，6～20cm	断层碎屑和黏土填充	粗糙
	稍窄，2～6cm	膨胀黏土填充	凸包突起
层理	窄，0.6～2cm	绿泥石、滑石或石膏填充	小阶梯
	很窄，<6mm	其他	很粗糙

（二）构造形态观察

构造分为水平构造、单斜构造、褶皱构造、断裂构造四个类型，其中水平构造和单斜构造相对比较简单，在野外主要看褶皱和断裂两种构造的识别方法。

1. 褶皱构造

褶皱构造包括背斜、向斜、单斜、构造盆地等构造类型。判断褶皱构造形态的目的是为了分析山地地貌、水系等的发育与褶皱构造之间的关系。局部出露的小型褶皱构造在野外很容易识别，如阴山山脉的褶皱构造（见图 2 - 3），中型的褶皱构造可以在几千米内从沿途量测的产状变化观察清楚。

图 2 - 3 阴山地质褶皱构造（王静 摄）

在野外观察中，常以单面山（见图2-4）的分布及其组合来判断山地的褶皱构造形态，要求对单面山的空间分布形式和大致的岩层倾斜方向有清晰的判断。实际上，褶皱构造在外力作用下都可以形成单面山，只是其分布形式和组合不同而已。在分析和观察褶皱构造形态时，参考地形图或者遥感图像上的水系结构，可以获得间接佐证的途径与方法。

图2-4　构成褶皱的单面山（王静　摄）

大尺度的褶皱构造形态主要依靠分析地质图来获得，对于研究区，小比例尺地质图所表示的地质情况，只有不同时代岩层的分布，褶皱构造主要通过地层分布的平面轮廓和相对时序的组合变化来判别。在大比例尺地质图上还标注有地层产状。在地质图上褶皱构造的表现形式是：地层时代中间新而两侧逐次变老的为向斜，而中间老两侧新的地层断面组合是背斜。

2. 断裂构造

在野外考察中常会遇到各种断层（见图2-5）、节理（见图2-6）等断裂构造。断裂构造破坏了岩石的连续完整性，对岩体的稳定性、渗透性、地震活动和区域稳定性都有重大影响。正因为其普遍性及在地理环境演化中的重要作用，地理研究者关注断裂对局部地形和区域地形的影响，断裂在盆地、火山、山脉、各种规模等级断块及地块等形成过程中的作用，断裂对地理环境稳定性的影响等。

地理上对断层的确认还是采用地貌学的方法。山地边缘断层的主要地貌表现或判别依据为：山麓线顺直、山麓带狭窄、山地与平原地形坡度存在突变，在山地一侧局部保留有断层或者断层三角面。在山地内部，断裂带是最脆弱的部分，很容易被侵蚀而降低，因此有多种地貌表现。例如，受断裂带影响，可以发育宽阔、顺直、谷地宽度与集水范围极不相称的山谷。这些地貌大多与两盘升降错动的断层活动有关。

图 2-5 连续断层构造面（王静 摄）

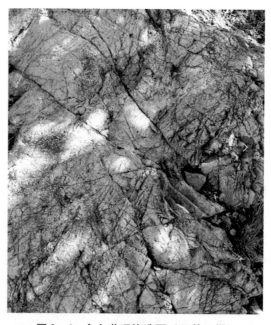

图 2-6 多向节理构造面（王静 摄）

（三）第四纪沉积物剖面的观察与描述

观察与描述的对象，应该选择天然真实、关系清楚、结构稳定的沉积剖面。首先进行整体上的宏观观察和粗略分层（这种分层，只要求分出具有明显特征的层组），然后在新鲜面上进行分层观察、测量和描述。

第四纪沉积物或新生代沉积物由于形成时代较新，往往没有胶结成岩，垂向变化和纵向变化都比较大。但正常的沉积情况下，剖面通常都是由下往上沉积物的沉积时代由老到新。描述时，不仅要注意剖面垂直方向上的上下层位关系，而且要追索各层水平方向上的延伸情况，特别要注意是否存在侵蚀切割、构造转换、水平相变等现象。

（四）地貌年龄的判断

野外判别地貌年龄主要依据它们的相对关系。方法大致包括以下几种：

（1）沉积物对比法。根据不同地貌单元内各种沉积物之间的相互关系（例如，叠置、切割、相变），确定其先后次序。

（2）地貌高程法。高度对比法是确定地貌年龄比较普遍的方法，确定阶地、夷平面、古海岸线、古湖岸线等的年龄都常用这种方法。

（3）相关沉积法。借助这个方法，反推抬升区某些无沉积物的剥蚀地形的时代比较有效。为了进一步分析它们之间的关系，可以通过剥蚀区岩石性质与沉积物组成之间的联系，分析它们形成的顺序。

（4）风化程度对比法。利用岩石的风化程度来确定地貌的年龄，多用于热带地区、玄武岩地区和冰碛物分布区。风化程度最彻底的称全风化，岩石风化成土，无法辨认原岩的物质成分和结构；次之称强风化，通常可以保留少量原岩物质；再次之称弱风化，大量保留原岩物质和结构；风化程度最弱的称微风化，基本保持原岩物质成分和结构。

（5）地貌侵蚀与叠置关系法。类似于地层层序法，利用地貌单元之间的切割和叠置关系判断其新老关系。判别阶地、冲洪积扇体时常用。

（6）生物地层学和考古地层学法。借助化石、文物、石器等，判别时代或新老关系。

■ 三、植物群落的调查方法及手段

植物群落调查的主要内容包括群落的环境条件、群落的属性标志、群落的数量标志。通常以植物种的重要值（乔木）或总优势度（灌木草本）、群落生活型组成及种间联系三方面分析概括植物群落特征。要了解一个群落的性质及其特点，必须对群落进行调查，调查的方法有很多种，常用的是路线踏查及样地调查法。

（一）路线踏查

路线踏查就是沿着一定的路线对所遇到的群落进行一般观察，其特点是在短时间内可以获得较多的资料，观察的面比较广，但比较粗略。

通常是事前通过植被图、航片判读及当地访问等形式选定几条路线。所选路线上的植被可以充分反映当地植被状况或具体工作的要求。这一步工作的基本要求一般是，识别各种植被类型及其中的群落；结合地形变化，了解它们分布的特点和界限。具体操作过程主要有以下几个方面：（1）记录调查时间、地点、调查人；（2）记录调查地的自然条件，包括地质、地形、坡向坡度、海拔高度、土壤性质以及人为影响程度等；（3）记载群落乔木层树种的种类以及各自的植株高度、胸径、生长情况和数量的多少（对于人工林要记下其株行距），同时记下乔木层的郁闭度大小；（4）分别记载灌木层、草本层植物的种类以及各自的株高、分布特点（单生、群生、丛生）、生长状况、多度和覆盖度，同时记录总覆盖度；（5）记录幼树的立木更新情况，包括幼树的种类、起源（实生或萌生）、分布特点、数量多少、生长情况；（6）根据乔木层的调查结果定出群落名称。

（二）样地调查

样地调查是植物群落研究最基本的方法。样地的形状和大小需要根据调查对象和环境条件进行确定。样地的形状最常用的是方形，称为样方。在坡地上，样方的大小须按表 2-6 作为坡度修正；在坡度 >40°时，样方面积则需要按照平面投影计算。

表 2-6   样方边长与坡度对照表

样方面积		样方边长（m）	不同坡度时样方对角线的一半长度（m）								
m²	hm²		0°	5°	10°	15°	20°	25°	30°	35°	40°
100	0.01	10.00	7.07	7.10	7.18	7.32	7.52	7.80	8.16	8.63	9.23
200	0.02	14.14	10.00	10.04	10.15	10.35	10.34	11.03	11.85	12.21	13.05
400	0.04	20.00	14.14	14.19	14.36	14.63	15.05	15.60	16.33	17.26	18.46
600	0.06	24.49	17.32	17.39	17.59	17.93	18.43	19.11	20.00	21.14	22.61
800	0.08	28.28	20.00	20.08	20.31	20.71	21.28	22.07	23.09	24.42	26.11

资料来源：武吉华，张绅. 植物地理学：第 4 版 [M]. 北京：高等教育出版社，2004.

样地面积的大小与研究精度有关，又与工作量大小有关。适当的最小样方面积，以样方内能容纳群落物种众数的最小面积为选择原则，多层结构群落样方适宜最小面积经验性参考值（见表 2-7）。

表 2-7   不同植物群落样方适宜最小面积经验性参考值

植物群落类型	样方适宜最小面积（m²）
草本层	1 ~ 10
灌丛	16 ~ 100
纯针叶林	100

植物群落类型	样方适宜最小面积（m²）
复层针叶林、夏绿阔叶林	500
亚热带阔叶林	1000～2000

（三）群落调查与记录的主要内容

在植物群落的环境条件方面，应详细记录各地样方编号及其所处地理位置，样方周围的地形、气候与土壤等生态环境条件，人类活动对当地影响的内容与程度，相邻群落之间的相互影响。此外，根据工作条件与研究需要，还可进行小气候观察。

在植物群落属性研究方面，需要调查、记录群落的优势种和建群种，群落分层结构及各层的种群组成特征、生态型组成、群落物候期特征。对乔木层的调查包括树种的组成以及各自的树高、胸径、枝下高、个体数量以及乔木层的总郁闭度、层次等；对灌木层的调查一般是在乔木层样方内根据林下灌木层主要组成的高度及密度设立一定的面积，一般在一个样方内设立五个灌木样方，分别记载各小样方的灌木种类、盖度、高度、频度及总盖度等；对草本层的调查基本同灌木层，只是一般不记高度，样方可以更小一些。在草本层调查的同时进行样方内乔木树种幼苗情况的调查。通过样方调查可以更详细地了解群落的性质、特征、准确地命名植物群落，同时更有把握地判定群落的演替方向，并且对群落的调查达到一定程度上的定量化。

（四）植物群落演替调查

植物群落演替是指同一地段植物群落的替代过程，是植物群落动态变化研究的主要内容。克莱门茨按群落基质把群落演替分为原生演替和次生演替两类。1938 年，他又把原生演替细分为旱生演替系列和水生演替系列。

按照发展方向，植物群落演替可划分为顺行演替和背离生态环境方向的逆行演替。群落演替总是需要经历几个植物生长发育期才能反映出来。在落地上，先锋植物抵达很快，侵入植物的到来需要一个过程。一种植物群落演替成另一种植物群落的自然过程所需时间长短，至今尚无完整的资料积累。原生演替所需时间：旱生演替系列所需时间与成土过程和成壤过程时间有关，最短不少于 300 年，水生演替系列则与湖、塘寿命长短相关。

对于短尺度的顺行演替或逆行演替，主要依据同地不同年份样地、样带资料的比较分析判别其演替方向。比较分析的主要内容是：（1）种群组成丰富程度的增减变化；（2）生活型与生长型的变化；（3）生态型组成的变化；（4）群落垂直结构变化；（5）群落总盖度变化；（6）土壤特征变化；（7）人类活动及土地利用的改变。

四、土壤剖面的调查方法及手段

土壤调查是在某一地区对土壤进行系统的观察、描述、分类，并将其分布绘制成图的工作过程，是通过野外实地观察土壤剖面去研究土壤的一种基本方法。

（一）土壤剖面的种类

土壤剖面是土壤三维实体的垂直切面，显露出一些一般是平行于地表的层次（见图2-7、图2-8）。土壤剖面按来源可分为自然剖面、人工剖面两类；按剖面的用途和特性，又可分为主要剖面、对照剖面、定界剖面三种。

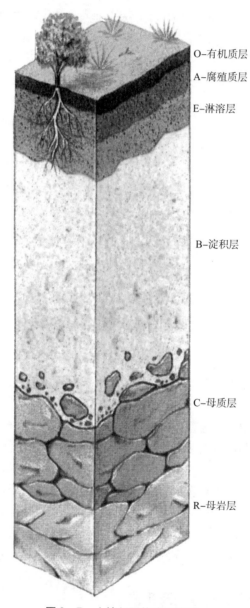

O-有机质层

A-腐殖质层

E-淋溶层

B-淀积层

C-母质层

R-母岩层

图2-7　土壤剖面构成示意图

资料来源：李天杰，赵烨，张科利，等. 土壤地理学：第三版［M］. 北京：高等教育出版社，2005.

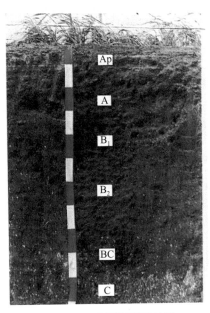

图 2 - 8　土壤剖面实拍图

资料来源：龚子同. 中国土壤系统分类［M］. 北京：科学出版社，2003.

（二）土壤主要剖面的挖掘

挖掘主要剖面时，首先在已选好点的地面上画个长方形，其规格大小为长 2 米、宽 1 米，挖掘深度要求 2 米。但是对不同地区的土壤，应有不同的规格。山地土壤土层较薄，只需要挖掘到母岩或母质层即可；盐渍土挖掘到地下潜水位为限；耕作土壤的主要剖面规格可以小些，一般长 1.5 米、宽 0.8 米、深度 1 米即可（见图 2 - 9）；采集整段标本用者，土坑要求应按上述第一种规格挖掘。挖掘土坑时应注意将观察面留在向阳面，山区留在山坡上方。观察面要垂直于地平面，土坑的另一端应挖掘成阶梯状，以供剖面观测者上下土坑用。挖掘的土应堆放在土坑两侧，而不应堆放在观察面上方地面上。同时不允许踩踏观察面上方的地面，以免扰乱土壤剖面土层的性态。

（三）剖面发生层次及构型的观测与划分

土壤发生层次及其排列组合特征（或剖面构型），是长期而相对稳定的成土作用的产物。由于各类土壤的成土条件、成土过程的差异，土壤发生层次及其剖面构型亦不相同。它是鉴别和划分土壤类型的重要形态特征之一。代表某土类或亚类成土条件、成土过程的土壤发生层次，可称为该类型的诊断土层。例如，寒温带针叶林成土条件下的灰化过程形成的灰化层、腐殖质淀积层，就是灰化土的诊断层；温带草甸草原植被条件下的腐殖质化和钙化过程形成的暗色腐殖质和钙积层，就是草原土壤的诊断层。

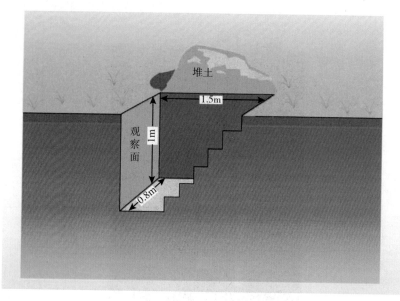

图 2-9　土壤剖面挖掘示意图

资料来源：据东方仿真素材库。

在一般情况下，整个剖面可根据土壤的颜色、质地、结构、松紧度等划分成四个明显的层次：（1）有机质层，一般出现在土体的表层，依据有机质的聚集状态，又可分出腐殖质层、泥炭层和凋落物层；（2）淋溶层，是指由于淋溶作用而使物质迁移和损失的土层，紧接有机质层，下部因受雨水的不断淋溶常显灰白色，故又称灰化层；（3）淀积层，是指物质完全累积的土层，紧接淋溶层，土层紧实、黏重，不透水，矿物质养料丰富，层内的颜色因淀积物而不同，如石灰质淀积多呈白色，铁、铝的三氧化物淀积多呈棕红色；（4）母质层和母岩层，是土体的最下层，严格地讲，不属于土壤层次，因为它们还未受到明显的成土作用的影响。

根据土壤剖面发生层次的基本图式（见图 2-7），结合实习地区剖面观察点的成土条件、各土层综合特性等划分发生层次，并用符号加以标记。1967 年国际土壤学会提出把土壤剖面划分为有机质层（O）、腐殖质层（A）、淋溶层（E）、淀积层（B）、母质层（C）和母岩层（R）6 个主要发生层（见图 2-7）。根据各土层性状与成因的差异可进一步细分，并在大写字母的右侧加小写字母以示区别。例如，A 层可细分为：Ah（自然土壤的表层腐殖质层）；Ap（耕作层），Ag（潜育化 A 层），Ab（埋藏腐殖质层）；E 层可细分为：Es（灰化层）、Ea（白浆层或漂洗层）；B 层可细分为：Bt（粘化层）、Bca（钙积层）、Bn（腐殖质淀积层）、Bin 或 Box（富含铁、铝氧化物的淀积层）、Bx（紧实的脆盘层）、Bfe（薄铁盘层）、Bg（潜育化层）；C 层可细分为：Ca（松散的）、Cca（富含碳酸盐的）、Ccs（富含石膏的）、Cg（潜育化的）、Cc（强潜育化）、Cx（紧实、致密的脆盘层）、Cm（胶结的）。耕作土壤是长期受人为耕作、施肥、灌溉、管理和稳定种植农作物的土壤，其剖面与自然土壤剖面不同，基本上可以划分为耕作层、犁底层、心土层和底土层（见图 2 – 10）。

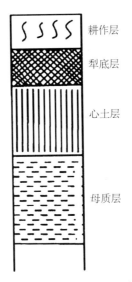

耕作层

犁底层

心土层

母质层

图 2 – 10 耕作土壤剖面示意图

资料来源：朱鹤健，等．土壤地理学［M］．北京：高等教育出版社，2010．

土层划分之后，采用连续读数，用钢尺从地表往下量取各层深度，单位为厘米，将量得的深度记入剖面记载表。最后可将土体构型画成剖面形态素描图，需要注意的是，在自然界中的土壤剖面，尤其是山丘地区的土壤，剖面的构型并不一定是完整的 O—A—E—B—C—R 构型，由于发育条件的制约，很可能会缺失某些土层。

（四）剖面观察与描述

土壤剖面形态特征包括土体构型，各发生层次的颜色、质地、结构、松紧度、孔隙状况、土壤湿度、植物根系状况、动物穴洞及填充情况以及新生体、侵入体等。这些特征是野外鉴别和划分土壤类型的主要依据。

1. 土壤颜色

土壤颜色是土壤物质成分和内在性质的外部反映，是土壤发生层次外表形态特征最显著的标志。许多土壤类型的名称都以颜色命名，例如黑土、红壤、黄壤、褐土、紫色土等。由于土壤颜色是十分复杂而多样的，绝大多数呈复合色彩，其基本色调是红、黑、白三种，其复合关系可用土壤颜色三角图式来表示。

为了使土壤颜色的描述科学化（避免主观任意性），真正能反映土壤颜色的本质，目前普遍采用以门塞尔颜色系为基础的标准色卡比色法，它包含有 428 个标准比色卡。命名系统是用颜色的三属性即色调（hue）、亮度（value）、彩度（chroma）来表示的。

（1）色调：是指土壤所呈现的颜色，又叫色彩或色别，它与光的波长有关。包括红（R）、黄（Y）、绿（G）、蓝（B）、紫（P）5 个主色调，还有黄红（YR）、绿黄（GY）、绿蓝（GB）、蓝紫（BP）、红紫（RP）5 个半色调或补充色调，每一个半色调又进一步划分为 4 个等级，如 2.5YR、5YR、7.5YR、10 YR 等。

（2）亮度：也叫色值，是指土壤颜色的相对亮度。以无彩色（Neutral color 符号 N）为基准，把绝对黑作为 0，绝对白作为 10，分为 10 级，以 1/、2/、3/、4/……10/表示由黑到白逐渐变亮的亮度。

（3）彩度：指光谱的相对纯度，又叫饱和度，即一般所理解的浓淡程度，或纯的单色光被白光"冲稀"典型土壤剖面的程度。土壤彩度在 0~8 范围内按间隔一单位分级，以/1、/2、/3、/4……/8 表示，由浓到淡。

土壤颜色的完整命名法是：颜色名称 + 门塞尔颜色标量，例如：淡棕（7.5YR5/6）、暗棕（7.5YR3/4）。

土壤颜色的比色，应在明亮光线下进行，但不宜在阳光下。土样应是新鲜而平的自然裂面，而不是用刀削平的平面。碎土样的颜色可能与自然土体外部的颜色差别很大，湿润土壤的颜色与干燥土壤的颜色也不相同，应分别加以测定，一般应描述湿润状态下的土壤颜色。先看深色或先看浅色，或用已观察过的土样进行对比，以免产生视觉上的错误。记录时，应注意主色、次色和杂色的区别。通常次色在前，主色在后，如灰棕色，即表示棕色为主，灰色为次；杂色如锈纹、锈斑，棕色胶膜，红、黄网纹等。土层若夹有斑杂的条纹或斑点，其大小多少和对比度影响到土色时，亦应加以描述。如根据明显度（即按土体与斑纹之间颜色的明显程度）划分为：

（1）不明显：土体与斑纹的颜色很相近，常是同一的色值和彩度；

（2）清晰：相差几个色值和彩度；

（3）明显：不仅色值和彩度相差几个单位，而且具有不同的色调。

根据丰度，即按单位面积内斑纹所占面积的百分数，可分为：

（1）少：少于 2%；

（2）中：2%~20%；

（3）多：多于 20%。

根据大小，按斑块最长轴直径分为：

（1）细：<5 毫米；

（2）中：5~15 毫米；

（3）粗：>15 毫米。

2. 土壤质地

野外鉴定土壤质地，一般用目视手测的简便方法。此法虽较粗放，但在野外条件下还是比较可行的。鉴定者经过长期的摸练，也可达到基本能鉴别质地类别的目的。

土壤质地的鉴别应注意"细土"部分的鉴定和描述。鉴定质地时，边观察，边用手摸，以了解土壤在自然湿度下的质地触觉。然后和水少许，进行湿测，这种方法被称为指感法或卷搓法，具体如下。

（1）砾质土。肉眼可看出土壤中含有许多石块、石砾（山地多为砾质土），根据＞3毫米直径的砾石含量可分为以下几种。轻砾质土：＞3毫米砾石含量5%～15%；中砾质土：＞3毫米砾石含量15%～30%；重砾质土：＞3毫米砾石含量＞30%。砾质土壤质地描述，要在原有质地名称前冠以砾质字样，如重砾质砂土、少砾质砂土等。

砾石含量在30%以上的土壤属砾石土，则不再记载细粒部分的质地名称而以轻重相区别，例如：轻砾石土：砾石含量30%～50%；中砾石土：砾石含量50%～70%；重砾石土：砾石含量＞70%。

（2）砂质土。干时将小块置于手中，轻轻便可压碎，所含细砂粒肉眼可见，湿时可搓成小块，但稍加压即散开。

（3）砂壤土。湿时可搓成圆球，但不能成条。

（4）轻壤土。湿时能搓成条，但裂开。

（5）中壤土。湿时能搓成完整的细条，如果搓成环时即裂开。

（6）重壤土。能搓成细土条，并可弯成带裂缝的环。

（7）黏土。干时有尖锐角，不易压碎，湿时可搓成光滑的细土条并能弯成完整的环，压扁时也不产生裂缝，还似有光泽。

按上述判定质地，定名、填入记载表。

3. 土壤结构

在自然条件下，土壤被手或其他取土工具轻触而自然散碎成的形状，即土壤的结构体。土壤结构主要是按形态和大小来划分。在野外常见的主要有粒状、核状、棱柱状、片状、块状等（见图2－11）。

块状

柱状

棱柱状

团粒

核状

微团粒

片状

图2－11 土壤结构图

资料来源：杨士弘. 自然地理学实验与实习［M］. 北京：科学出版社，2002.

进行土壤结构描述时，应注意：（1）只有在土壤湿度较小情况下，对土壤结构的测定，才比较容易进行且能得到良好的结构，含水太多时，结构单位膨胀，很难分辨结构的真实面貌；（2）土壤的结构，常常不是单一的，对于这种情况应该进行详尽的描述，既要说明其结构的种类，又要阐明其剖面内的变化。

联合国粮农组织的《土壤剖面描述准则》中，对土壤结构按级、类、型等单位来划分，同时辅之以大小范围（毫米）。

（1）结构级：指团聚体的程度，表达团聚体内黏结力之间的差异，以及团聚体之间的不同黏附能力。这种特性随土壤含水量的多少而不同。共划分四级：

0——无结构：见不到团聚体，或没有明确的依次排列的微弱线条。若有黏结便是大块状，若无黏结便是单粒。

1——弱结构：能观察到不明显土体特性的团聚程度，扰动则崩解成几个完整土体，这些土体往往与没有团聚力的土粒混合在一起。还可细分为弱级、中等弱级。

2——中等结构：已形成明显而良好的土体结构，中等耐久。在未扰动土壤中表现不明显，扰动则崩解成许多明显而完整的土体、许多碎土体及少量非团聚体的混合物。

3——强结构：具有明显而稳定的土壤自然结构体，黏附力差，抗位移，扰动则分散成碎块，从剖面移走时能保持完整土体，同时包括少数碎土体及无团聚的土粒。也可再分为中强、很强级。

（2）结构类型：类用以描述团聚个体的平均大小；型用以描述结构体的形状（见表2-8）。

表2-8 土壤的结构类型分类表

结构类型	大小	直径（mm）	实物比较
块状结构（面棱不明显）	大	>100	大于拇指
	小	100~500	大于拇指
团块状结构（面棱不明显）	大	50~30	胡桃
	中	30~10	黄豆~胡桃
	小	10~5	小米~黄豆
核状结构（面棱明显）	大	20~10	小栗子
	中	10~7	蚕豆
	小	7~5	玉米粒
粒状结构（面棱明显）	大	5~3	高粱米~黄豆
	中	3~1	绿豆~小米
	小	1~0.5	小米
柱状结构（圆顶形）	大	>50	横断面大小大于3指
	中	50~30	横断面大小为2~3指
	小	<30	横断面大小小于2指
柱状结构（尖顶形）	大	>50	横断面大小大于3指
	中	50~30	横断面大小为2~3指
	小	<30	横断面大小小于2指

续表

结构类型	大小	直径（mm）	实物比较
片状结构	厚	3～5	薄板
	中	3～1	硬纸片
	薄	<1	鱼鳞

4. 松紧度

松紧度是反映土壤物理性状的指标。目前测松紧度的方法、名词术语概念尚不统一。有的用紧实度，有的用硬度。紧实度是指单位容积的土壤被压缩时所需要的压力，单位用公斤/立方厘米；硬度是指土壤抵抗外压的阻力（抗压强度），单位用公斤/平方厘米表示。因此，松紧度应用特定仪器来测试。在没有仪器的情况下，可用采土工具（剖面刀、取土铲等）测定土壤的松紧度。其标准可概括如下：

（1）极紧实：用土钻或土铲等工具很难楔入土体，加较大的力也很难将其压缩，块体外表呈光滑面，质地为黏土，往往形成棱块状、柱状等结构，多出现于土层中部，有时成硬盘层；湿时泥泞，可塑性强，泥团用刀切割会留下光滑面，黏着力强。

（2）紧实：土钻或土铲不易压入土体，加较大的力才能楔入，但不能楔入很深。干时也很紧实甚至坚硬，用手很难捏碎，加压力也难缩小其体积；湿时可塑性、黏着性较强，属黏土或黏壤质地。

（3）稍紧实：用土钻、土铲或削土刀较容易楔入土体，但楔入深度仍不大。干时较紧，但不坚硬，可用手捏碎，并形成一定形态的结构体，如团块结构。质地属壤土，湿时可塑性较差，用刀切割不成光滑面，加压力会使体积缩小，但缩小程度不太大，用土钻取土能带出土壤。

（4）疏松：土钻、削土刀很容易楔入土体，而且楔入深度大，易散碎，加压力土体缩小较显著，湿时也呈松散状态。若含大量腐殖质，则形成团粒结构，土体易散碎，缺乏可塑性，透水性强。

5. 孔隙

描述土壤剖面孔隙时，必须对孔隙的大小、多少和分布特点进行仔细地观察和评定。

土壤孔隙的大小分级标准：

（1）小孔隙：孔隙直径<1毫米。

（2）中孔隙：孔隙直径1～2毫米。

（3）大孔隙：孔隙直径2～3毫米。

土壤孔隙的多少，用孔隙的疏密或单位面积上孔隙的数量来划分，一般可分为：

（1）少量孔隙：孔隙间距约1.5～2厘米，10平方厘米面积上有1～50个孔隙，或2.5平方厘米面积上有1～3个孔隙。

（2）中量孔隙：孔隙间距约1厘米，10平方厘米面积上有51～200个孔隙，或2.5

平方厘米面积上有 4~14 个孔隙。

（3）多量孔隙：孔隙间距约 0.5 厘米，10 平方厘米面积上有 200 个以上的孔隙，或 2.5 平方厘米面积上有 14 个以上孔隙。

土壤孔隙的形状有：

（1）海绵状：直径 3~5 毫米，呈网纹状分布。

（2）穴管孔：直径 5~10 毫米，为动物活动或植物根系穿插而形成的孔洞。

（3）蜂窝状：直径 >10 毫米，系昆虫等动物活动造成的孔隙，呈网眼状分布。

在观察孔隙时，对土壤中的裂隙也应加以描述。裂隙是指结构体之间的裂缝，其大小可划分为：

（1）小裂隙：裂缝宽度 <3 毫米，多见于结构体较小的土层中。

（2）中裂隙：裂缝宽度 3~10 毫米，主要存在于柱状、棱柱状结构的土层中。

（3）大裂隙：裂缝宽度 >10 毫米，多见于柱状碱土的柱状结构层内；寒冷地区的冰冻裂缝也大于 10 毫米。

6. 动物穴及其填充物

土壤剖面层次中，往往有土壤动物活动形成的洞穴和填充物，它反映土壤形成特性，尤其是土壤松紧度和有机质含量状况，因而动物活动状况在一定意义上反映土壤肥力状况。例如，蚯蚓活动频繁的土壤，有机质蚯蚓粪含量、土壤孔隙数量较多，土壤肥力也较高；草原土壤中，多啮齿类动物的孔穴和填充物。

描述土壤动物时，应记述动物的种类、多少、活动情况，以及动物在土层中的分布、动物孔穴、动物、填充物特征等。

7. 土壤湿度

土壤湿度即土壤干、湿的程度。通过土壤湿度的观测，不但可了解土壤的水分状况和墒情，而且有利于判断土壤颜色、松紧度、结构、物理机械等，因此，在土壤剖面描述中必须观测土壤湿度。

在野外可以用速测方法测定土壤湿度，但通常只是用眼睛和手来观察和触测，其标准可分为干、稍润、润、潮、湿五级。

（1）干：土样放在手掌中，感觉不到有凉意，无湿润感，捏之则散成面，吹时有尘土扬起。

（2）稍润：土样放在手中有凉润感，但无湿印，吹气无尘土飞扬，手捏不成团，含水量约 8%~12%。

（3）润：土样放在手中，有明显湿润感觉，手捏成团，扔之散碎。

（4）潮：土样放在手中，有明显湿痕，能捏成团，扔之不碎，手压无水流出，土壤孔隙 50% 以上充水。

（5）湿：土样水分过饱和，手压能挤出水。

8. 植物根系

植物根系的种类、多少和在土层中的分布状况，对成土过程和土壤性质有重要作用，因此，在土壤剖面的形态描述中，须观察描述植物根系。

植物根系的观察、描述，主要应分清根系的粗细和含量的多少，其标准可分为：

按植物根系的粗细分等：

（1）极细根：直径 <1 毫米，如禾本科植物的毛根。

（2）细根：直径 1~2 毫米，如禾本科植物的须根。

（3）中根：直径 2~5 毫米，如木本植物的细根。

（4）粗根：直径 >5 毫米，如木本植物的粗根。

按植物根系的含量多少，可分三级描述：

（1）少根：土层内有少量根系，每平方厘米有 1~2 条根系。

（2）中量根：土层内有较多根系，每平方厘米有 5 条以上根系。

（3）多量根：土层内根系交织密布，每平方厘米根系在 10 条以上。

此外，若某土层无根系，也应加以记载。

9. 新生体

新生体不是成土母质中的原有物质，而是指土壤形成发育过程中所产生的物质。比较常见的新生体有石灰结核、石灰假菌丝体、石灰霜；盐霜、盐晶体、盐结皮；铁锰胶膜、铁锈斑纹、铁锰还原的青灰色或蓝灰色条纹及二氧化硅、铁锰硬盘、黏土硬盘等。

新生体的种类、形态及存在状态和成分，因土壤形成过程与环境条件而异。

描述新生体时，要指明是什么物质，存在形态、数量、分布状况及颜色等特征。

10. 侵入体

侵入体是指由于人为活动由外界加入土体中的物质，它不同于成土母质和成土过程中所产生的物质。常见的侵入体有砖瓦碎片、陶瓷片、灰烬、炭渣、焦土块、骨骼、贝壳、石器等。

观察侵入体，首先要辨别是人类活动加入土体的物质，还是土壤侵蚀再搬运沉积的物质。由于其来源的不同，可说明土壤形成发育所经历过程的差异。

对侵入体的观察和描述，不但要弄清是什么物质、数量多少、个体大小、分布特点，而且应探讨其成因，这样做有助于对成土过程的深入了解。

11. 石灰反应

在野外观察土壤剖面时，应该用稀盐酸大约测定土壤碳酸钙含量的多少，根据滴加盐酸后所发生的泡沫反应强弱，判断碳酸钙含量的多少，一般分为无、弱、中、强四等。（1）无：无泡沫产生；（2）弱：缓缓放出小气泡，或难看出气泡，可听到声，含量约在 1% 以下；（3）中：明显地放出气泡，但很快消失，含量约在 1%~5%；（4）强：气泡急剧，历时很久，含量在 5% 以上。

12. pH 值

剖面观测中，速测土壤的 pH 值不但可帮助了解土壤的性质，而且可作为土壤野外命名的参考。测定方法可采用速测法——混合指示剂比色法，在白瓷盘或汤匙内用酸碱指示剂数滴和土样（如黄豆大小）混合，与标准比色卡相比确定酸碱度。或用 pH 值广泛试纸速测法，即用蒸馏水浸提土壤溶液，滴加 pH 值混合指示剂（或用 pH 值广泛试纸蘸取浸提液），然后用标准颜色比色以确定其 pH 值的大小，从而判断该土属于酸性、微酸性、中性、微碱性、碱性。

 ## 五、航空遥感影像在地理调查中的应用

航空遥感影像片应用于地理野外考察，可节省大量时间和费用，取得事半功倍的效果。

（一）遥感影像片选择及制作略图

主要根据调查内容的不同，选择恰当时态拍摄的遥感影像片。若以研究植被类型及其规律为主要目的，应选择夏季和秋季拍摄的大尺度遥感影像片，因为夏季植物生长茂盛，秋季落叶植物的叶片会变黄或者变红，有利于对植被进行解释。若以地貌制图或地质研究为目的，可选用深秋初冬或早春季节拍摄的遥感影像片，因为这些季节大部分植物已经枯萎落叶，可减少植被覆盖的影响，而且冬季太阳高度角较低，阴影明显，图像立体感很强，微地貌、岩性和地质构造显示清楚，城镇和乡村的轮廓、街道分布、建筑物清晰可见。对土壤类型和土地利用类型的研究，应选用多时相的遥感影像片，进行多季节的地理调查。

（二）遥感图像的目视解译

1. 准备工作

搜集工作区不同比例尺和不同时相的航空遥感影像片、地形图、各自然地理专业图及文字资料，另需要准备立体镜、放大镜以及各种绘图铅笔和色笔。

2. 建立解译标志

将收集到的各专业图件和文字资料进行对比分析，或进行必要的野外路线考察，以建立不同地物标志解译标准，包括地物的色调、形态、阴影、影纹图案、排列组合关系等特征标志，并列成表格，作为进一步解译标志。

3. 详细解译

根据各地学专业的解译标志，运用相关分析法和证据汇聚法，采用从已知到未知、先易后难、先清楚后模糊、先整体后局部的方法，逐项解译。同时将聚酯薄膜蒙在遥感影像片上，边解译边勾绘类型界限，并标上事先拟定的图例或数字编码，画出初步解译图件。

4. 野外检查验证阶段

利用遥感图像解译的初步成果图件，必须经过野外实地检查验证。野外验证的原则是：对那些图像清楚、界限分明、解译标志明显、把握性大的地物或地段，可采用抽样检查；对那些图像模糊、界限不清、解译标志不甚明显的地物或地段，进行重点检查，

逐个验证，对勾绘的界限进行就地校正。在野外验证时，对不同的地物类型还要采集必要的标本或化验样品——岩石标本、土壤样品、第四纪松散沉积样品、植被标本等，以备室内分析和标注文字说明时使用。

5. 转绘成图

把调查取得的全部资料，以及野外验证取得的资料和用其他方法取得的所有资料，按照制图单元等级，转绘在聚酯薄膜上。

（三）整理图件和编写报告

把最后定稿图清绘、上色，按图例将各种内容绘制完成，写出解释说明。

第三节　人文地理野外调查的主要方法和手段

地理科学类专业要求学生具有较强的动手能力和实践能力，尤其是实际的社会调查、实地考察和分析解决问题的能力。因此，除了在专业的课程建设中加大了课程实习和实训的比重，还要求学生针对本学年的专业学习重点来进行相应方向的专业实地考察，从而更好地巩固学生课堂所学的基础理论知识，把抽象的理论和实际的现象及问题相结合，真正理解和掌握书本的丰富内涵。我们针对地理科学类专业的学习特点，为学生设计安排了以区域综合人文地理因素考察为主题的专业实习，希望可以通过实践教学训练让学生更好地掌握人文地理学调查研究的基本方法和分析手段，能够把调查实践的内容与课程设计和理论性课程相结合，提高学生结合现实问题进行理论研究的主动性和积极性。

一、地理社会调查方法

地理社会调查方法是获取区域地理信息的重要手段和方法。人文地理研究对象偏重社会环境，而社会的历史、现状往往也需要调查，社会成员的主观态度、意愿、行为倾向等都是人文地理学研究要涉及的内容。人文地理调查方法，就是在社会成员中收集并分析有关社会现象和事件的趋势的资料，以查明区域人文地理环境或事象。

（一）地理社会调查的目的与方案

1. 地理社会调查的目的及其特点

地理现象的社会调查是指对一些地理现象或有关问题，通过到各机关单位收集资料、组织召开座谈会或个别访问或观察了解一些有关事物的遗迹，取得信息。所以说社会调查的目的是直接通过对人的访问或收集查阅有关历史文献、统计资料，以实现区域地理野外考察任务的完成。同时地理社会调查有调查内容广泛复杂、受人的主观影响作用大等特点。

2. 社会调查方案制订

方案的制订与调整一般包括以下内容，如图2-12所示。

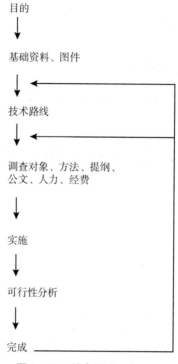

目的

基础资料、图件

技术路线

调查对象、方法、提纲、
公文、人力、经费

实施

可行性分析

完成

图2-12 社会调查一般程序

调查对象：包括个人、群体、政府职能部门及企事业单位。

调查方法：一般包括访问法、随机抽样法、资料收集法、专家系统法等。

调查提纲：对不同的调查对象，根据调查目的应制订出详细的调查提纲（包括访问提纲和资料收集提纲）和具体要求，以减小调查的盲目性，提高工作效率。

联系公文：主要是指介绍信，用于证明调查者的身份和与调查对象的联系、接洽。根据不同的调查对象和内容，应出具不同级别的介绍信。

经费、人力：根据社会调查任务的大小、时间长短、距离远近、地区范围和工作要达到的详细程度而定。

（二）地理社会调查方法及注意事项

1. 访问法

当对一些现象无法直接观察和获取有关资料时，可采用访问法。访问法可分单人访问和会议座谈两种形式。访问时应根据问题的性质确定访问对象，并且事前应做好准备工作，列出详细的访问提纲。若在访问中发现有矛盾，则应重点深入调查，并结合自己掌握的情况做出正确地判断。

2. 资料收集方法

现成资料的收集、使用是区域研究的重要依据，也是区域社会调查的重要内容。资料的来源，主要是政府管理部门、职能部门及有关企事业单位。资料包括研究区域的有关地图资料、历史文献资料、考察报告、统计图表等。收集资料以前也应做出详细的收集计划，做好与涉及单位的联系准备。对重要的机密图、文件资料应注意妥善保管，并做好保密工作。

3. 抽样法

对一些包含数量大，涉及范围广的社会现象，可采用抽样调查方法来获取信息。如游客动机的调查、人口状况的调查可用此方法。抽样时应注意样点选择的随机性和样点分布的均匀性，使抽样结果具有较强的代表性；调查的方式一般可采用填写调查表或询问等。表格和所拟问题应较简单，容易填写和回答；调查后要进行归类和认真分析，以得出与实际相符的结果。

4. 专家系统法

利用专家的丰富经验和权威性，对其意见进行调查，可用于对地理过程的预测及认识上。典型的专家系统法如德尔菲（Delphi）预测法，亦称专家经济统计推断法。其基本做法是：就所要预测的项目向专家发出调查表，然后统计专家的意见做出预测。

 二、人文地理社会调查方法

人文地理社会调查常用的主要方法包括问卷调查法、文献调查法、实地观察法、访问调查法、资料分析法等多种类型。

（一）问卷调查法

问卷调查法又称问卷法，是指社会组织为一定的调查研究目的而统一设计的、具有一定结构和标准化问题的表格，它是社会调查中用来收集资料的一种工具。

1. 调查问卷的类型

从要求回答问题的形式来看，调查问卷可分为开放型、封闭型和综合型三种类型。

（1）开放型问卷。一是在研究的初期，对所研究的问题或研究对象有关情况还不十分清楚的情况下使用；二是面临较深层次的研究问题时使用。

（2）封闭型问卷。封闭型问卷也称结构式问卷，它是指在问卷中把问题和可供选择的答案一起列出，调查对象只能在所限定的范围内挑选出答案来。

（3）综合型问卷。综合型问卷是指在一张调查问卷中，既有封闭型问题，又有开放型问题。一般以封闭型问题为主，根据需要适当增加若干开放型问题。问卷中的某些开放型问题经过调查之后，在积累一定材料的基础上就有可能转变为封闭型问题。

2. 调查问卷的结构

一个完整的问卷，一般应该包括以下几个部分：调查标题、卷首语、指导语、个人特征资料、问题与答案、编码、结束语等。

3. 问卷设计步骤与方法

（1）根据研究目的与要求，收集所需资料。

（2）从研究者的时间、研究范围、对象、分析方法和解释方法等方面考虑来研究问卷形式。

（3）列出标题和各部分项目。

（4）征求意见，修订项目。

（5）试访，以 30～50 人为试访样本，得出信度、效度。

（6）进行样卷分析，重新修订。

（7）正式调查。

4. 问卷发放方式

当面发送调查是最有效的问卷发送方式。当面发送、当场填写，有不明白的问题可以当场确认清楚，由于有情感交流，易于取得被调查者的合作，但要注意防止在集体场合填写的相互干扰。

5. 问卷的回收

对回收的问卷，在剔除废卷的同时要统计有效问卷的回收率。保持一个较高的问卷回答率（即有效问卷率），也是我们获得真实可靠资料的保证。

6. 数据统计

利用计算机对问卷进行统计分析，根据统计分析结果开展理论研究等。

（二）文献调查法

文献调查法即历史文献法，就是搜集各种文献资料、摘取有用信息、研究有关内容的方法，包括自查法、顺查法、倒查法、追溯法、循环法等。文献调查的过程大致可以分为四个环节：文献收集、文献鉴别、文献整合、文献分析。

1. 文献收集

要想在大量的文献资料中收集到有用的资料要做到以下三点。首先，要掌握文献类别，了解国内外各种文献资料的概况、特点及获得的方法，熟悉主要文献索引和目录分类，掌握文献检索的基本技能。其次，明确研究课题的性质和范围，划定搜寻方向。最后，筛选并确定所需要的主要文献，积累和保存相关文献。

（1）教育文献分布。教育资料的信息主要分布在以下几种载体中：书籍、报纸和期刊、教育档案类、日记、回忆录、信件、自传、政策、法规、文献汇编、电子资源。

（2）文献检索。文献检索就是根据研究的目的查找所需要的文献，以满足研究的要求。文献检索的途径和方法分为两大类：手工检索和计算机检索。

2. 文献鉴别

在收集文献的任务基本完成后，就进入了对文献的鉴别阶段，包括鉴别文献的真假及质量的高低。

3. 文献整合

完成了对文献的鉴别后，就进入了文献整合阶段。文献整合是指研究者对自己掌握的文献进行创造性的分析、综合、比较、概括等思维加工的过程。通过加工，形成对事实本身的科学认识。文献整合的具体方法主要是运用形式逻辑思维与辩证思维等思维工具，从文献资料中得出事实判断或归纳、概括出原则或原理。

4. 文献分析

文献分析的方法主要有非结构式定性分析法和结构式定量分析法，有时也采用定性和定量相结合的方法。

（三）实地观察法

实地观察法是观察者有目的、有计划地运用自己的感觉器官或借助科学观察工具，能动地了解处于自然状态下的社会现象的方法。

1. 实地观察法的种类

（1）根据观察者的角色，实地观察可分为参与观察和非参与观察。

（2）根据观察的内容和要求，实地观察可分为有结构观察和无结构观察。

（3）根据观察对象的状况，实地观察可分为直接观察和间接观察。

2. 实地观察的一般原则

（1）客观性原则。

（2）全面性原则。

（3）深入性原则。

（4）持久性原则。

（5）法律和道德原则。

（四）访问调查法

访问调查法又称访谈法，即有计划地通过口头交谈等方式，直接向被调查者了解有关社会问题或探讨相关城市社会问题的社会调查方法。

1. 访问调查的类型

（1）根据访问方式的不同，可分为直接访问和间接访问。

（2）根据访问规范程度的不同，可分为标准化访问和非标准化访问。

（3）根据访问内容传递方式的不同，可分为小组座谈法、个别面访法、电话调查法和德尔菲法等方法。

2. 访谈程序

访谈过程大体分为三个阶段，即准备阶段、进行阶段和结束阶段。

3. 德尔菲法

德尔菲法是20世纪60年代由美国兰德公司首创和使用的一种调查方法，是一种专家调查法，它与其他方法的区别在于：它是用背对背的判断来代替面对面的会议，即采用函询的方式，依靠调查机构反复征求每个专家的意见，经过客观分析和多次征询反复，使各种不同意见逐步趋向一致。德尔菲法的实施步骤如下。

（1）拟定意见征询表。意见征询表是专家回答问题的主要依据，调查机构根据调查目的，拟定需要调查了解的问题，制成调查意见征询表作为调查的手段。

（2）选定征询专家。选择的专家是否合适，直接关系到德尔菲法的成功与否。

（3）轮回反复征询专家意见。

（4）做出调查结论。

（五）资料分析法

资料分析法就是在思维中把客观事物分解为各个要素、各个部分、各个方面，然后对分解后的各个要素、部分、方面逐个分别加以考察或研究的思维方法。分析的过程，是思维运动从整体到部分、从复杂到简单的过程。资料分析法可分为矛盾分析法、因果分析法、系统分析法、结构功能分析法。

1. 矛盾分析法

它是运用矛盾的对立统一规律来分析社会现象的思维方法。主要是分析事物内部的对立和统一，揭示事物发展的内因和外因，认识矛盾的普遍性和特殊性。

2. 因果分析法

它是探究事物或现象之间因果联系的思维方法。要把握因果联系的先后顺序，考察引起和被引起的联系，把握因果联系的其他特征。

3. 系统分析法

它是运用系统论的观点分析社会现象的一种思维方法。要求探究系统的外部环境与内在结构。

4. 结构—功能分析法

它是运用系统论关于功能和结构的相互关系的原理来分析社会现象的一种思维方法。

（六）人文地理学研究的区域地理方法：描述、比较和归纳

对地表各种现象的分布进行记载和描述是地理学最古老的传统，描述有文字描述、数字和图形描述等方式，古老的地方志和近代的区域地理就是这一传统的产物。比较就是比较两个或两类事物的共同点和差异点，通过比较能够更好地认识事物的性质。通过空间上的比较，区域差异和区域个性可以生动形象地显现出来；通过时间上的比较，区域过程和空间动态特征得以刻画。传统描述法和比较法在人文地理学研究中应用最早，现在仍然有生命力，甚至可以认为现代地理信息技术中某些空间分析技术，如专题属性图层、叠加分析、缓冲区分析等，从本质上讲是描述和比较方法的新形式和进一步发展。

比较分析法是相当古老的一种研究方法，长期以来人们一直在应用它，但它在方法

科学中排位很低，被认为太简单而不受重视。直到现代，人们发现这种简单直观的比较方法能够发现许多其他方法无法揭示出的道理，它成为寻找新知识生长点方面的有力工具。在总结人类文明发展、论述科学概念时，比较方法得出的结论是最具说服力的。许多科学新论的确立、旧论的否决都是运用比较分析法完成的。比较分析法在近年来被广泛用于自然科学和社会科学研究领域中，通用性很强。许多学科，在比较分析法的促进下，正在形成门类众多的比较研究专门化学科。

人文地理学长期以来处于以综合归纳为主要特征的科学发展阶段。归纳与推理是人文地理学最重要的研究范式，是经验主义方法论的核心部分，也为实证主义、人本主义和结构主义方法论所接受。

地域之间的相似性和差异性，是极为普遍的地理现象，仅凭表象的观察与记录是不够的。地理学家逐渐将注意力转到地理现象的发生、发展的研究，于是因果关系、发生学规律成为研究的主题，定性分析成为主要的手段。定性分析往往运用归纳法进行，英国学者 R. P. 莫斯（R. P. Moss）提出，归纳法一般是从事实到概念，从观察到总结，从局部到总体，换句话说，是根据全部事实确定规律性。这种方法被许多学科采用，并在发展科学思维中占有重要的地位。正是因为地理学性质与归纳法这种手段的结合，使近代地理学获得了发展。

同时，归纳法还具有明显的缺点。如在归纳时由于不能弄清全部连续的推理，在事实与假设之间就产生了逻辑上的"缺陷"，而推理是由观察走向判断的重要步骤；归纳的结论只适用于用归纳的那些资料的范围，而不能扩充到这个范围以外的领域；在归纳过程中经常包含归纳者的主观因素。

三、人文地理社会调查报告写作

社会调查报告的撰写没有固定不变的模式和要求，但调查报告的基本结构和基本内容却是大体相同的，基本上由标题、简介、前言、主体、结束语、后记和附录等内容组成。

（一）标题

标题就是调查报告的题目，是能够突出表现主题的简短文字，要能够概括调查报告的主要内容，简明地表达调查报告的主旨。标题有直叙式、判断式、提问式、抒情式和双标题式。

（二）简介

简介就是对调查报告主要内容的简要介绍，目的是引起读者的注意和阅读兴趣，写作方式主要有以下两种：摘要式和说明式。

（三）前言

前言又称引言、导言，就是调查报告的开头部分。前言的内容主要是介绍和说明为何进行社会调查，如何进行社会调查和社会调查的简要结论等，是调查报告的基调，起着总启全文的作用，要紧紧围绕主题介绍有关调查的情况，为正文内容展开打下基础。

（四）主体

主体即调查报告的正文，是调查报告内容重点展开的部分，是调查报告最主要的部分。调查报告主体的内容一般包括情况部分、分析部分、建议部分：社会调查课题研究的社会背景、学术背景及对已有相关研究成果的评价，课题的研究目的、研究假设及研究方案，调查对象的选择及基本情况，主要概念、主要指标的内涵和外延及其操作定义，调查的主要方法和过程，调查获得的主要资料、数据及其统计分析结果，研究问题的主要方法、过程、学术性推论及评价，调查研究的局限性、尚未解决的问题或所发现的新问题等。

（五）结束语

结束语是调查报告的结尾部分。应注意简明扼要、意尽笔止，不可画蛇添足、弄巧成拙。

（六）后记

后记是指在结束语之后，对与调查报告的形成、写作、出版等有关的问题进行的介绍和说明。主要的写作内容包括：与调查课题的提出和实施有关的情况和问题、与调查报告的撰写有关的情况和问题、与调查课题参与者和调查报告撰写者有关的情况和问题、与调查报告发表或出版有关的情况和问题等。

（七）附录

附录是指调查报告的附加部分。附录的内容主要是调查报告正文包括不了或者没有说到，但是又需要进行说明的情况和问题。附录一般包括引用资料的出处、调查问卷及表格、对调查指标的解释说明、计算公式和统计用表、调查的主要数据、参考文献、典型案例、名词注释及专业术语对照表等。

第三章　区域自然地理野外综合实习

第一节　区域自然地理野外综合实习前期准备工作

一、野外实习人员组织安排

（一）成立实习教师工作团队

区域自然地理野外综合实习涉及自然地理与资源环境、人文地理与城乡规划和资源环境经济3个专业，约200人。野外实习前会组成一支1名院领导和4～5名专业教师的团队，整个团队统一指挥，各负其责，主要负责的工作如下：

（1）负责制订详细的实习计划、内容要求、时间安排，协调各相关部门。

（2）购买野外实习人员保险，同时提前联系租车、住宿等事宜。

（3）选定具体的实习地点，做好人员分组等工作。

（4）沿途实习内容讲解。

（5）学生的分组、指导、管理。

（6）对学生交回的实习报告必须认真批改，并在班上进行分析讲评。

（二）确定实习学生分组名单

实习生分组由各班班长负责解决，以男女搭配、便于实习协作为宜。参加野外实习的学生，每个班级分4～5个小组，每个小组8～10人，每个小组安排队长1名，副队长2名，负责资料、图件和设备物质的集中领取、保管和分发以及协助带队老师工作，负责本小组人员专业学习的督促、当天实习记录的检查和实习纪律的落实。

二、野外工具和实习内容准备工作

（一）准备实习资料和工具

1. 资料准备

地形图、政区图、地质图、相关文献资料等。

2. 仪器和备用品的准备

（1）手持 GPS：确定位置；

（2）罗盘仪：测定方位和测定岩石产状；

（3）测绳：用于设置群落样方、典型地貌剖面特征值的统计、计算；

（4）样本夹：用于野外采集植物标本；

（5）卷尺：用于实测土壤剖面和群落相关数据的测定等；

（6）地质锤：用于采集岩石标本；

（7）稀盐酸及其他试药：用于鉴定矿物和土壤成分；

（8）土钻、剖面刀：用于采集不同深度的土壤；

（9）铝盒：用于采集土壤后，存放土壤，带回室内测定土壤水分；

（10）环刀：用于采集原状土壤，测定土壤容重；

（11）野外记录簿：用于记录野外调查资料及绘制图表；

（12）此外，还要准备铅笔、小刀、橡皮、胶带、锤子、密封袋、记号笔、小铲子、照相机及其他野外活动相关用品，如水壶、遮阳伞、雨具、防晒帽等。

自然地理野外综合实习的部分工具如图 3-1 所示。

图 3-1　自然地理野外综合实习部分工具

（二）熟悉实习点基本情况

区域自然地理野外综合实习沿途经过大青山、小井沟、辉腾锡勒草原、凉城县、岱海、蛮汉山这6个实习地点，实习学生需要提前搜集资料，了解实习点的地理区域位置、气候、土壤、植被状况，以及当地特色、工业、农业、旅游和生态建设等方面的基本资料。

区域自然地理野外综合实习的主要路线、时间和实习内容，如表3-1所示。

表3-1 区域自然地理野外综合实习计划

天数	出发地点	到达地点	实习内容
第一天	7：00从呼和浩特市出发	9：30到达大青山小井沟古路板村	大青山地质地貌学习
	11：00从小井沟古路板村出发	13：00到达辉腾锡勒草原	辉腾锡勒草原植被实习 辉腾锡勒风电场
第二天	8：00从辉腾锡勒草原出发	11：30到达凉城县	凉城县自然概况
	14：30从凉城县出发	15：00到达岱海	湖泊水文实习
	17：00从岱海出发	17：30到达凉城县	问卷调研和访谈
第三天	7：00从凉城县出发	9：00到达蛮汉山	自然地理规律实习
	15：00从蛮汉山出发	17：00到达呼和浩特市	
第四天	室内整理实习资料		
第五天	撰写实习报告（手写8000字），要求图文并茂		

（三）回顾相关课程的理论知识

区域自然地理野外综合实习主要针对自然地理学课程，因此在野外实习前，学生应复习自然地理学的主要理论知识点，包括：自然地理学的研究对象和任务、地壳的组成物质、构造运动、湖泊形成类型及特征、土壤形态特征及物质组成、土壤形成与地理环境关系、生物群落、陆地生态系统、地带性分异规律、垂直地带性等。

三、野外实习的注意事项

实习期间，师生自觉遵守《资源与环境经济学院教学实习社会实践规程》（以下简称《规程》）的有关规定，并按有关守则自觉完成实习任务。除《规程》所列各项外，特针对自然地理学野外综合实习，提出如下要求：

（1）全体师生统一行动，不准任何人私离队伍。

（2）严格纪律要求，有急事须向指导教师书面请假，待批准后才能离开，并按规定返回。无特殊情况不准请假。

（3）实习过程中，做好实习笔记，便于后期整理和再现实习过程，从中挖掘更有价值的信息。

（4）选择车况良好的国企车辆（火车、汽车）乘坐。

（5）时刻注意安全，不准学生到任何有危险的地方。

（6）不准学生租用任何非集体所用的其他交通工具。

（7）不准游泳、不准骑马、不准酗酒，注意防火防盗及饮食卫生。

（8）充分预备旅行常备药物。

（9）带齐野外实习的各种物品，特别注意带好学生证、身份证，同时需要携带保暖的衣物。

（10）按老师安排进行食宿，遵守作息制度。

（11）尊重当地居民，特别是尊重少数民族的风俗习惯，不能与当地人发生矛盾冲突。

（12）遵守实习考察计划，全体按时返校。

第二节　阴山地理概况

区域资源环境野外实习中自然地理野外实习部分围绕着阴山山脉进行，阴山山脉地处内蒙古自治区中部，是我国北方地区重要的生态屏障区，也是重要的自然地理分界区，其生态地理位置十分重要，对于了解内蒙古中部自然地理环境有非常重要的意义，因此区域自然地理野外实习综合考察了阴山山脉的地质地貌、植被、土壤、水文等多个方面。在进入区域自然地理野外实习内容之前，我们先了解一下阴山的基本自然概况。

一、地质地貌

阴山山脉是中国北部重要地理分界线，其为东西走向，横亘在内蒙古自治区中部及河北省最北部，属古老断块山。阴山山脉介于东经106°~116°，长约1200公里，平均海拔1500~2000米，山顶海拔2000~2364米，最高峰呼和巴什格山位于狼山西部，海拔2364米，西起狼山、乌拉山，中为大青山、灰腾梁山，南为凉城山、桦山，东为大马群山。阴山的西端以低山没入阿拉善高原；东端止于多伦以西的滦河上游谷地，长约1000公里；南界在河套平原北侧的大断层崖和大同、阳高、张家口一带盆地、谷地北侧的坝缘山地；北界大致在北纬42°，与内蒙古高原相连，南北宽50~100公里。

阴山山脉的山地南北两坡不对称，北坡和缓倾向内蒙古高原，属内陆水系；南坡以1000多米的落差直降到黄河河套平原，是断层陷落形成的。山地大部分由古老变质岩组成，在断陷盆地中有沉积岩分布。阴山山脉煤藏丰富，北坡的白云鄂博蕴藏丰富的多金属矿和稀土金属。

阴山山脉在呼和浩特以西的西段地势高峻，脉络分明，山与山之间的横断层经流水侵蚀形成宽谷，为南北交通要道，山脉主体由太古代变质岩系和时代不一的花岗岩构成，在两侧及山间盆地内有新生代地层。南坡与河套平原之间相对高度约千米，经长期流水侵蚀，现代山脉边缘已较地质构造上的断层边缘向北后退 10～30 公里。山前和山谷两侧普遍发育有多级阶地。山脉北坡起伏平缓，丘陵与盆地交错分布，相对高度 50～350 米，丘间盆地沿构造线呈东西向分布，盆内沉积有白垩系、第三系地层，上覆第四系厚层砂质黏土。源于阴山的河流横切丘陵，支流极少，河床宽坦，与现代水流极不相称。

阴山山脉呼和浩特以东的东段海拔一般在 1500 米左右，地形紊乱，主要有蛮汉山、苏木山、马头山、桦山等。在集宁、张北一带被玄武岩覆盖，部分地区的熔岩台地已被侵蚀切割成平顶低山和丘陵。低山和丘陵间盆地内有白垩纪、第三系和现代沉积。盆地间的岭脊低而宽，相对高度 300～500 米，有些盆地中心集水成湖，较大者如岱海、黄旗海、安固里淖、察汉淖等。

 ## 二、气候

阴山山脉是中国季风与非季风区的北界，属温带半干旱与干旱气候的过渡带。西部的狼山尤为干旱，大青山较为湿润。

山脉南北两侧的景观和农业生产差异显著。山南年均温 5.6～7.9℃，10℃以上活动积温为 3000～3200℃，无霜期 130～160 天；山北年均温为 0～4℃，10℃以上活动积温为 900～2500℃，无霜期 95～110 天。山南风小而少，年均风速小于 2 米/秒；山北风大而多，年均风速 4～6 米/秒。年降水量东经 110°以东，南北相差 70～100 毫米；东经 110°以西，南北年降水量都很小，只差 25 毫米左右。在农业生产上，山南为农业区，山北为牧业区，山区为农牧林交错地区。

 ## 三、水系

阴山山南为外流区，属黄河、海河水系，流水侵蚀为主，河流溯源侵蚀与分割作用较强烈，沟谷深切，地面破碎；山北为内流区，河流稀少，水量小，侵蚀基准面高，因而侵蚀作用不显著，沟谷浅缓，地貌外营力以风蚀为主，地面平坦，风沙散布。

 ## 四、植被类型

阴山山脉植被类型丰富，包括针叶林、阔叶林、疏林、灌丛、草原、荒漠、草甸 7 个植被型组，11 个植被型，60 个群系。针叶林既包括温性针叶林（如油松林、侧柏林），又包括分布在高海拔段的耐寒温带性针叶林（如白扦林、青海云杉林）。阔叶林主要分布于阴山山脉中海拔段，以白桦林面积最大，另外还可以见到辽东栎林、脱皮榆林等。阴山山脉是我国侧柏林、白扦林、辽东栎林的西北界，也是我国油松林分布的北界，对我国森林植被的研究具有重要意义。

灌丛在阴山山脉植被组成中也占有较大比重。从建群种科的组成分析，阴山山脉灌丛组成主要以蔷薇科为主，且水分生态类型组成以中生、旱中生成分为主。灌丛多占据中、低海拔，阴坡主要为喜湿耐阴的物种组成的群落（如虎榛子、蒙古绣线菊等），阳坡主要为一些喜暖灌木组成的群落（如酸枣、黄刺玫、蒙古扁桃等）。

草原是阴山山脉基带以及北坡山地最主要的群落类型，包括草甸草原、典型草原和荒漠草原，建群种主要以禾本科针茅属植物为主。阴山山脉草甸草原主要分布在海拔较高的高山部分，主要以羊草和线叶菊为主。荒漠草原主要见于阴山山脉中段基带及西段中、低海拔位置，主要类型有小针茅、短花针茅等。典型草原是阴山山脉分布最广的草原类型，主要以克氏针茅和大针茅为主。

荒漠草原是阴山山脉西段最具代表性的群落类型，其建群种既包括灌木也包括半灌木、小半灌木，最主要的类型有红砂荒漠、刺旋花荒漠、猫头刺荒漠等，分布于基带和低山地区。

第三节　大青山地区地质地貌实习

 一、实习内容

（1）认识复杂多样的地质构造，实地考察了解大青山区域地质地貌概况；在野外正确辨别褶皱和断层两大构造运动。

（2）识别岩浆活动和变质作用痕迹：岩浆活动在本区亦有表现，主要为伟晶岩岩脉的侵入及一些地区的细晶岩脉、石英岩脉的密集侵入和一些小侵入体。变质作用在本区最为普遍；老地层多变质成大理岩、片岩、片麻岩。在野外辨识三大类岩石（沉积岩、变质岩、岩浆岩）、侵入岩与喷出岩及其中主要矿物类型。正确使用罗盘仪等设备识别和确定大青山典型岩层、构造及其产状要素、接触关系。

（3）认识大青山主要的地貌类型：本区外力地质作用处于发展阶段，山坡上随处可见各种风化作用产生的残积层。地面流水地质作用形成了发育良好的冲沟系统。在侵蚀、搬运、沉积中形成了大量的沟壑和倒石堆。学生在野外要识别流水地貌形成的冲沟、阶地以及河流中出现的凹岸侵蚀、凸岸堆积的现象。

二、实习目标

（1）培养学生阅读地质图、地貌类型图、土壤类型图，通过分析了解阴山山脉区域地质、地貌、气候、水文和土壤生物的分布规律；掌握大青山的主要地质构造、地貌类型和地质发展历史，了解河流的发育过程，了解外营力作用下的地形发育特点，了解地质、水文、气候、土壤与植被等对地貌形成的影响，了解区域资源和灾害类型及分布概况。

（2）培养学生学会在野外仔细观察大青山区域主要岩石、矿物、构造的主要特征，重要自然地理、地质现象，并准确、完整记录所观测到的现象、特征和数据，标本与样品的采集方法，学会初步分析有关现象、特征形成的原因；掌握确定地壳运动的一般方法和地质历史变化。

 三、大青山地理概况

（一）地质地貌

大青山坐落在阴山山地中段，为阴山山脉的主要段落，位于内蒙古中部——包头市、呼和浩特市、乌兰察布市一线以北，西至包头市昆都仑河，东至呼和浩特市大黑河上游谷地。东西长 240 多公里，南北宽 20～60 公里，海拔 1500～2338 米，相对高度 100～700 米。西部的九峰山海拔 2338 米，为最高峰。

其构造上隶属于华北板块的北缘阴山断隆。大青山地区呈东西向展布，东西向长约 300 公里，南北向宽约 50 公里。其南缘西起包头，经土默特右旗、土默特左旗、呼和浩特，东至集宁；北缘西起固阳，向东经武川至察哈尔右翼中旗。带内主要分布以金为主的多金属矿床和以煤、大理岩为主的非金属矿床。自太古宙以来，该区经历了长期的地质构造演化，地质构造复杂，岩浆活动频繁。区内除 20 世纪 30 年代在晚古生界和中生界地层内发现石拐煤田外，通过 20 世纪 90 年代开展的 1∶50000 地质调查，在前寒武系地层内及中生代中酸性岩体周围发现了不少多金属矿床（点），经过近几年的地质工作，发现有的已达到大型矿床规模，成为地质找矿的热点地区，引起了有关地质勘探单位和科研部门的高度重视。

大青山山地南北地貌形态不对称，北部比较平缓，剥蚀残余的低山丘陵和盆地交错分布，逐渐与内蒙古高原连在一起。南坡陡峭险峻，为明显的构造断块地形，断层崖被侵蚀切割，形成一系列断裂三角面，山麓分布有侵蚀残余的低山和众多的山沟，雨后洪流破山而出，造成复式带状洪积扇裙。

大青山地层主要有太古宙、古生界和中生界地层。太古宙变质岩主要为集宁群、乌拉山群和色尔腾群。山地的基岩及地表组成物质由花岗岩、片麻岩、片岩、页岩、砂砾岩以及残积、坡积层、洪积砂砾层构成。其中，集宁群主要由片麻岩类、大理岩类、浅粒岩类组成；乌拉山群根据其矿物组合、结构、构造等特征，可分为麻粒岩类、片麻岩类、大理岩类、片岩类和角闪石岩类；色尔腾群主要由糜棱岩化片岩、斜长角闪片岩、石英岩、大理岩、变粒岩等组成。前两者分布在石拐和东大青山中生代沉积盆地周围，后者主要分布在大青山的西北部。

古生界地层主要出露于该区的中部，西部地区有零星出露，有寒武系、奥陶系、石炭系和二叠系地层。寒武系地层分布零星，与太古宙变质岩呈角度不整合接触。其下部为一套碎屑岩，上部为厚层结晶灰岩和白云岩。奥陶系与寒武系之间呈整合接触，为一套厚层灰岩，其间夹有中薄层石英砂岩。上石炭统拴马桩组为一套煤系地层，与奥陶系呈平行不整合接触，主要岩性为灰白色砾岩、砂岩、铝土质页岩、黑色炭质板岩夹煤层，部分地段煤层厚达 30 ~ 40 米，是该区主要产煤层位之一。下二叠统为杂怀沟组和石叶湾组，由砾岩、砂岩、泥岩和页岩组成。上二叠统为脑包沟组，出露面积较大，由一套暗紫色、紫红色砾岩、砂岩和泥岩组成。

中生代地层出露面积较大，主要分布于两个断陷盆地内，由三叠系、侏罗系和白垩系地层组成。三叠系为老窝铺组，由一套砾岩、砂砾岩组成。侏罗系出露有五当沟组、长汉沟组和大青山组。五当沟组由一套煤系地层，由砂岩、页岩及煤层组成。长汉沟组地层由砂岩、灰岩和泥岩组成。大青山组由一套紫红色砾岩、砂岩和泥岩组成，分选不好，堆积速度快。白垩系主要出露李三沟组和固阳组，多不整合于古老地层、岩体和侏罗系地层之上。李三沟组主要由灰白、灰绿色砂砾岩、砂岩、砂匝泥岩组成。固阳组为杂色碎屑岩、灰黑色泥岩失泥灰岩、石膏和可采煤层。

（二）自然概况

大青山是天然屏障，北坡直接承受蒙古干燥气流的影响，气候干燥气温低，年均温 0 ~ 4℃，无霜期较短；南坡由于山地的阻挡相对比较温暖而湿润。山地南北坡土壤与植被的垂直分布有明显的不同，北坡处于中温型草原带，海拔 1100 米左右为干草原，1200 米以上出现灌丛及稀疏杜松林，1300 ~ 1500 米有油松、侧柏、杜松混交林，1500 ~ 2000 米有油松、山杨、辽东栎混交林和云杉、白桦、山杨混交林及油松和云杉纯林；南坡为暖温型草原带，自然带较北坡复杂一些，1500 米以下为干草原，1800 米以上为山地草甸草原。土壤为山地栗钙土—山地典型棕褐土—山地淋溶褐土—山地草甸草原土。

■ 四、褶皱构造观察

（一）地理位置

观察点为古路板村，它位于大青山南麓，海拔高度 1142 米；绝对位置：40°55′37″N，111°49′22″E，距离呼和浩特市区大约 30 公里。这里以山地为主，植被为针叶林与灌木林，年降水量和气温与呼和浩特市相当，但由于地处山区，交通落后，经济发展比较缓慢。

（二）褶皱构造

褶皱是指岩石中面状构造（如层理、片理等）形成的弯曲。单个的弯曲也称褶曲。褶皱的面向上弯曲，两侧向背倾斜，成为背斜；褶皱面向下弯曲，两侧相向倾斜，称为向斜。如组成褶皱的各岩层间的时代顺序清楚，则较老岩层位于核心的褶皱称为背斜；较新岩层位于核心的褶皱称为向斜。正常情况下，背斜呈背形，向斜呈向形，是褶皱的两种基本形式。

褶皱要素（见图3-2）包括以下内容。

（1）核部：指褶皱的中心部位的岩层，即图3-2中a。

（2）翼部：泛指褶皱核部两侧的地层，即图3-2中b。

（3）转折端：为两翼汇合的部分，可以是一点，也可以是一段曲线，即图3-2中c、d。

（4）轴面：平分褶皱两翼的假设对称面。轴面是一个设想的标志面，它可以是平直面，也可以是曲面，即图3-2中e。

（5）轴迹（轴线）：轴面与水平面的交线称作轴迹。轴面与地形面的交线在地质图上的投影称为地质图上的轴迹，即图3-2中AD。

（6）枢纽：褶皱岩层的同一层面与轴面相交的连线。可以为水平、倾斜、起伏状，表示褶皱有倾向延伸的变化，即图3-2中cd。

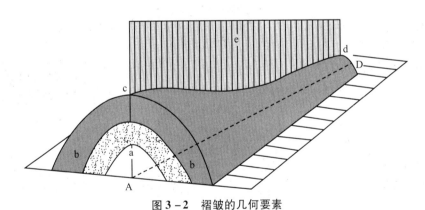

图3-2　褶皱的几何要素

资料来源：舒良树. 普通地质学［M］. 北京：地质出版社，2010.

（三）背斜观察

大青山属于阴山山脉的中部，其山麓是内蒙古台背斜的一部分，主要以太古界、元古界的变质岩系构成稳定的基底，由于不同的构造期所受的挤压褶皱不同，构造形态十分复杂。

由于燕山晚期构造运动在本区表现以缓慢上升为主，仅在山麓有继承性的较大断裂发生，故侏罗系的构造形态以单斜和开阔的背、向斜为主，断裂也多是以小型张性为主，部分地区山麓边缘受大断裂和燕山晚期构造运动的影响而使元古界大理岩逆冲到侏罗系之上，为本区燕山晚期较剧烈的构造运动。

在古路板林场西面的山坡上可见一个开阔的背斜，轮廓清楚。组成背斜的地层为侏罗纪系中统大青山组的砂砾岩、砂岩及薄层炭质页岩、煤线等，其中砾岩层厚度较大，但因有夹层，所以层理明显。小井沟古路板林场地区的立背斜轮廓清楚，背斜轴向约55°，向北东倾斜（见图3-3）。

图3-3 大青山褶皱（背斜）构造（石全虎 摄）

大家注意到，在实际野外观察到的背斜，并没有像褶皱构造理论中提到的，可以找到褶皱的转折端，相对于背斜来说，也就是其最顶端，这是因为，在实际的自然状况中，岩石也在不停发生变化，受到流水、风力等方面的侵蚀作用，导致顶部被剥蚀，从而使得本身比较陡峭的背斜山变成比较缓和的背斜山。

为了了解岩层的空间方位，应利用罗盘仪分别测定岩层的产状（见图3-4）。岩层产状是以岩层面在三维空间的延伸方向及其与水平面的交角关系来确定的。具体产状的三要素及其测定方法（见图3-5）如下：

图3-4 学生正实测岩层的倾向（邵至龙 摄）

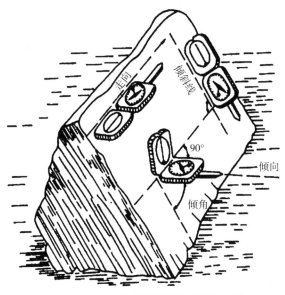

图3-5 岩层的产状要素及其测量方法

1. 走向

岩层面与水平面交线为走向线，走向线两端的指向为走向。测量岩石走向时，可选择一代表性的面，将罗盘长边平行于走向线并紧贴于面上，并使罗盘水平，此时南针两端的指数都为走向方位角。

2. 倾向

垂直于岩层走向线向下所引的直线为倾斜线，在水平面上的投影所指的方向，倾向只有一个方向，与走向交角恒为90度。将罗盘盖紧贴于待测面上，并使罗盘水平，长照准合页即指向岩层倾向的方向，这时罗盘的磁针北针所指的刻度即为待测面的倾向。

3. 倾角

岩层层面倾斜线与其在水平面上的投影线之间的夹角，表示岩层的倾斜程度。将罗盘测面紧贴于待测面上，长水准朝下，使罗盘底座直立，即平行于真倾斜线，转动长水准使其水泡居中，此时角度刻度盘上的刻度即为倾角。

（四）观察岩石特征

大青山岩石主要来源于岩浆活动，变质作用在本区最为普遍，老地层多变质成大理岩、片岩、片麻岩、云母。我们在野外主要判别岩石的粒径大小及其硬度，方法如下：

1. 砾岩

粒径大于 2 毫米的圆状和次圆状的砾石占岩石总量 30% 以上的碎屑岩。砾岩碎屑成分主要是岩屑，只有少量矿物碎屑，填隙物为砂、粉砂、黏土物质和化学沉淀物质。

2. 砂岩

观察点的砂岩为石英砂岩，其颗粒的莫氏硬度同石英，非单晶体、无偏光性、无解理。砂岩分为巨粒砂岩（1 ~ 2 毫米）、粗粒砂岩（0.5 ~ 1 毫米）、中粒砂岩（0.25 ~ 0.5 毫米）、细粒砂岩（0.125 ~ 0.25 毫米）、微粒砂岩（0.0625 ~ 0.125 毫米），以上各种砂岩中，相应粒级含量应在 50% 以上。

3. 云母

在大青山古路板村的阴坡发现很多云母。云母是分布最广的造岩矿物，是钾、铝、镁、铁、锂等层状结构铝硅酸盐的总称。云母普遍存在多型性，其中属单斜晶系者常见，其次为三方晶系，其余少见。云母族矿物中最常见的矿物种有黑云母、白云母、金云母、锂云母、绢云母等。云母通常呈假六方或菱形的板状、片状、柱状晶形，颜色随化学成分的变化而异，主要随铁含量的增多而变深。白云母无色透明或呈浅色；黑云母为黑至深褐、暗绿等色；金云母呈黄色、棕色、绿色或无色；锂云母呈淡紫色、玫瑰红色至灰色，玻璃光泽，解理面上呈珍珠光泽。其莫氏硬度一般 2 ~ 3.5，比重 2.7 ~ 3.5，平行底面的解理极完全。白云母是分布很广的造岩矿物之一，在三大岩类中均有产出。

4. 硬度鉴定

肉眼鉴定除利用莫氏硬度计测定矿物硬度外，一般还利用指甲（硬度 2 ~ 2.5）、小刀（硬度 5.5）、玻璃（硬度 7 左右）等来测定。据此，可把矿物粗略分为软（硬度小于指甲）、中（硬度大于指甲、小于小刀）、硬（硬度大于小刀）和极硬（硬度大于玻璃或石英）。

五、平移断层构造

（一）地理位置

观察点：乌素图沟，位于呼和浩特市西北方向，海拔高度 1129 米；绝对位置：

40°46′10″N，111°09′08″E。乌素图是蒙古语，汉语意思是"有水的地方"。乌素图沟两岸皆为侏罗系中统大青山组砾岩、砂岩，大沟东岸有下白垩系固阳组火山岩段呈长条状盖于侏罗系砾岩、砂岩之上，此沟内节理构造、风化、阶地等地质现象发育明显。

（二）断层构造

断层是地壳受力发生断裂，沿破裂面两侧岩块发生显著相对位移的构造。构成断层的几何要素是断层面和断盘（见图3－6）。断层面是岩块沿之发生相对位移的破裂面。断盘是指断层面两侧的岩块，位于断层面之上的称为上盘，位于断层面之下的称为下盘，如断层面直立，则按岩块相对于断层走向的方位来描述。断层两侧错开的距离统称位移。按测量位移的参考物的不同，有真位移和视位移之分。真位移是断层两侧相当点错开的距离，即断层面上错断前的一点，错断后分成两个对应点之间的距离，称为总滑距；视位移是断层两侧相当层错开的距离，即错动前的某一岩层，错断后分成两对应层之间的距离，统称断距。

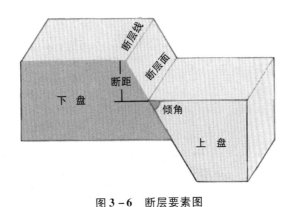

图3－6　断层要素图

通常按断层的位移性质将其主要分为：（1）上盘相对下降的正断层。（2）上盘相对上升的逆断层。（3）两盘沿断层走向作相对水平运动的平移断层。

（三）观察平移断层

乌素图沟的断层属于平移断层。由乌素图沟口向里走，可见大沟东岸有一条突出的走向北北西的单面山，其山脊为侵入白垩系下统固阳组火山岩段的石英斑岩岩床，此单面山被一组北北东向的平移断层切断，形成节节错开现象，这就是乌素图沟白垩系中的平移断层。

平移层又称横移断层、走滑断层，亦称扭转断层。平移断层作用的应力是来自两旁的剪切力作用，其两盘顺断层面走向相对位移，而无上下垂直移动。规模巨大的平移断层，通常称为走向滑动断层。由于断层面是按水平方向移动的，所以在野外的观察上经常没有明显的断崖，只会在地面上看到一条断层直线。

（四）断层岩石球状风化

乌素图沟平移断层一侧的砾岩中发育有两组近于垂直的节理，一组近于水平，一组近于垂直，此二组节理把砾岩切割成大小不等的方形、长方形块体。

地表岩石由于温度变化（热胀冷缩）形成两种（垂直于地面，与地表平行）裂隙、裂缝、节理等，后边缘棱角经风化作用，四周剥落，中间凸出，成为近似圆形和椭圆形的球状风化现象，由于此二组节理都近于垂直岩层层面，故球状风化现象在层面特别发育。

 ## 六、流水侵蚀地貌

（一）沟谷侵蚀

沟谷侵蚀是指沟谷水流下蚀、侧蚀和溯源侵蚀作用。坡面水流汇集沟槽，流量增大，冲刷加强，沟槽刷深，沟谷谷坡因沟槽加深而变陡，在水流侧蚀作用参与下，发生崩坍和滑坡，沟底展宽，沟头因溯源侵蚀而不断向沟间地延伸，形成沟谷（见图3-7、图3-8）。

图3-7 坡面流水侵蚀（王静 摄）

图3-8　流水侵蚀地貌（王静　摄）

大青山地面流水地质作用形成了发育良好的冲沟系统，在一些大沟中可见到由底蚀作用形成的"V"形谷。导致沟谷发生侵蚀有以下原因：

（1）降雨因素：大青山地区年降雨量400毫米，而且主要集中在7～9月，降水集中，大雨时，雨水能量较大，极易冲刷沟谷。

（2）地质因素：大青山地区属于山区，土层厚度大约在30厘米左右，土层下部能看到大量的基岩，如果表层土壤流失，基岩出露，冲沟除沿原始凹地生成外，还常沿各种不同的构造线发展，包括节理、断层、岩层层面和不同岩性的接触面等。

（3）地形因素：大青山的南北坡坡度差异较大。北坡和缓倾向内蒙古高原，属内陆水系；南坡以1000多米的落差直降到黄河河套平原，是断层陷落形成的。南坡地面坡度越大则流速越快，雨水带走的泥沙越多，侵蚀作用越强。

（4）土壤因素：土壤对水分的渗透能力是影响土壤侵蚀的重要因子，土壤的透水性越好，越不易发生地表径流，侵蚀强度越小。

（5）植被因素：植被能有效降低地表径流的流速和流量，从而降低地表径流的侵蚀力和对泥沙的搬运能力。在野外发现，大青山发生坡面侵蚀的主要是阳坡，阳坡植被稀疏，覆盖度低，容易发生沟谷侵蚀。

如果山地有很多砾石，那么在流水侵蚀过程中会发生崩塌，在山脚形成倒石堆。倒石堆是指山坡受重力及雨水影响，融雪水或雪崩作用，岩块崩落，在山麓堆积成不同规模的岩屑堆积体。倒石堆上部石头碎小，下部石头巨大且完整。

（二）河流地貌

地表流水在陆地上是塑造地貌最重要的外动力。它在流动过程中，不仅能侵蚀地面，形成各种侵蚀地貌（如冲沟和河谷），而且能把侵蚀的物质经搬运后堆积起来，形成各种堆积地貌（如冲积平原），这些侵蚀地貌和堆积地貌，统称为流水地貌。

河流在下游以侧蚀为主，侧蚀过程中水流在惯性离心力的作用下趋向凹岸，使得凹岸不停被侵蚀，凸岸发生堆积，这样就行成了弯曲河床（见图3-9）。

图3-9　河流侵蚀地貌（王静　摄）

（三）湖岸阶地

大青山山麓的乌素图召附近，有非常明显的五级湖岸阶地，说明这里远古时期是湖。湖岸阶地是发育于湖岸地带湖水的作用形成的阶地地形。湖岸阶地由地面与前缘坡坎组成。前者是一个较平坦的向湖中心微微倾斜的侵蚀面，其上覆以厚度不等的砂砾石层。后者曾经是湖岸浅滩前缘的水下岸坡。在湖岸地区，如经历数次或多次上述变迁，就会相应形成数级湖岸阶地。

观察点有几级阶地，阶地前面就是土默川。据史料记载，由于山前断裂，地壳缓慢下沉，地表就形成几级阶地。

从乌素图沟口向西岸远眺，大青山山麓有非常明显的五级湖岸阶地，其一级阶地正是乌素图召所坐落的平台，它高出近代冲、洪积扇5~10米。

乌素图召背靠二级阶地，其阶地面被近代河谷切割，阶地面起伏不平，与一级阶地高差约 10~20 米。

再向北为沿大沟西岸和山麓分布的长达1公里多的三级阶地，阶地前缘高出二级阶地 5~10 米，三级阶地虽被沟谷切割，但顺大沟的阶地线十分完整，由北向南倾斜，最为瞩目。

四级阶地在三级阶地之西半山坡上，阶地面已被近代冲沟破坏为许多山包，部分山包已侵蚀到基岩，但整个阶地轮廓仍很清楚，它高出三级阶地 20~30 米。

五级阶地仅残存于高山坡上，局部仍很完整，它高出四级阶地 10~15 米。

【思考题】

1. 详细了解阴山山脉概况、地质地貌特征，讨论分析它对区域气候和水文以及人类活动的影响。

2. 岩石可分为哪三大类岩石，它们各自形成过程有何异同？详细介绍花岗岩，即它具有哪些物理特征、主要成分、主要类型、主要用途等？石英、云母、长石是花岗岩主要的造岩矿物，它具有哪些物理化学特征？如颜色、条痕、透明度、光泽、硬度、解理、断口、延展性、比重等，请填写题后矿物鉴定表。

矿物鉴定表

鉴定小组　　　　　　　　　　　　　　　　　　　　　　　　　　　　　组长：

标本编号	矿物名称	集合体形态	颜色	条痕	光泽	透明度	硬度	解理	断口	脆性及延展性	磁性	其他

第四节　辉腾锡勒草原植物实习

 ## 一、实习内容

（1）认识高山草甸草原植被：辉腾锡勒草原属于高山草甸草原，在野外实习中要学习高山草甸草原植被类型及组成、结构动态、分布规律，了解植物分布与岩性的关系，观察山地与平原（低地与高地）、阳坡与阴坡植被特征，分析植物生态和环境的关系。

（2）掌握基本的自然地理的野外方法：学习草本植物样方调查的方法，测定植物的株高、盖度、多度和频度，同时学习植物标本采集、制作的基本方法。此外，学习在野外工作中如何采集土壤样品的方法以及如何测定土壤水分和土壤容重的操作步骤。

（3）了解人为活动对自然环境的影响：通过讲解风力发电机，了解新能源，探讨新能源对草原发展的优缺点；通过问卷调查，了解草原人类活动（旅游活动）对草原植物的影响因素。

 ## 二、实习目标

（1）通过草原植物的野外实习，使学生将理论知识与实践相结合，培养学生的实践能力，了解和掌握有关自然地理野外调查仪器和工具（海拔仪、地质锤、GPS、放大镜、瓷板、锤子、环刀、铝盒、铲、钻等）的使用原理和方法；掌握自然地理野外调查全过程的程序与方法，包括资料的搜集、野外观测记录、标本与样品的采集、资料的综合分析整理等。

（2）学生初步了解阴山山脉草原植被类型和代表性植物的种属，使学生学习掌握植物群落调查的样方方法和记录项目，了解高山草甸草原植物生态与环境的关系。

 ## 三、高山草甸草原概况

辉腾锡勒草原位于内蒙古自治区乌兰察布市察哈尔右翼中旗中南部，阴山北麓，是阴山山脉的支脉，距首都北京430公里，距自治区首府呼和浩特135公里，距乌兰察布市政府所在地集宁区75公里。"辉腾锡勒"一词系蒙古语，意为"寒冷的高原"。辉腾锡勒草原是世界上保持最完好的典型高山草甸草原之一，平均海拔2100多米，面积达600平方公里，植被覆盖率达80%以上，长满了适合海拔2000米以上高山草甸生长的植物。

辉腾锡勒草原西端，是一道蜿蜒的山谷。这道山谷系第四纪冰川的典型地质遗存，地质构造复杂多元，山谷长达10多公里，沟深约300米，宽100～200米，基岩组成为花岗岩、玄武岩和火山岩类为主，部分地区有花岗岩出露地表。

 ## 四、草甸植物特征

辉腾锡勒草原冬季寒冷，夏季凉爽，平均最高温度为18℃。辉腾锡勒草原上天然湖泊星罗棋布，素有"九十九泉"之称。

辉腾锡勒植物区系地理成分以北温带成分为主，它们大部分是水生、沼泽和草甸植物，也包括一部分林下植物，少数为草原种。辉腾锡勒地处大青山东段，面积约600平方公里，气候寒冷，景观独特。虽然其面积不大，但野生植物资源丰富。调查发现区内有维管植物 413 种，隶属 63 科 229 属。其中蕨类植物 7 种，裸子植物 3 种，被子植物 403 种；有自治区级保护植物 6 种，其他类型保护植物 4 种，并有丰富的药用植物和观赏植物。

根据学者研究可知：研究区的代表植物有眼子菜（*Potamogeton*）、梅花草（*Parnassia palustris*）、鹅绒委陵菜（*Potentilla anserina*）、海乳草（*Glaux maritima*）、缬草（*Valerianaa lternifolia*）、蓬子菜（*Galiu mverum*）、卷耳、狐茅（*Festucaovina*）、冷蒿（*Artemisia frigida*）等。在山地草甸草原、典型草原中，达乌里—蒙古草原成分占据优势，代表种有贝加尔针茅、线叶菊、直立黄芪（*Astragalus adsurgens*）、野罂粟（*Papaver nudicaule*）、黄芩（*Scutellaria baicalensis*）等。在白桦林和中生灌丛中，东亚成分占据多数，其中华北成分作用更加明显，代表植物有大果榆、虎榛子等。具有特殊意义，反映这里高寒特征的环北极和北极—高山成分有蒿草、轮叶马先蒿（*Pedicularisverticil – lata*）等。辉腾锡勒特有植物不多，目前发现的仅有阴山马先蒿（*Pedicularis longiflora var yinshanensis*）、白花马先蒿（*Pedicularis achilleifolia*）、大青山黄芪（*Astraga lusdaqingshanicus*）、阴山乌头（*Aconitum yinshanicum*）、阴山毛茛（*Ranunculus yinshanensis*）。

五、辉腾锡勒的风电场

（一）风电场概况

辉腾锡勒风电厂是亚洲最大的风力发电场，地处内蒙古高原，海拔高，又是一个风口，风力资源非常丰富，这里 10 米高度年平均风速 7.2 米/秒，40 米高度年平均风速为 8.8 米/秒，风能功率密度 662 瓦/平方米，年平均空气密度为 1.07 千克/立方米，10 米高度和 40 米高度 5 ~ 25 米/秒的有效风时数为 6255 ~ 7293 小时。该区域具有稳定性强、持续性好、风能品质高等特点，是建设风电场最理想的场所。图 3 – 10 为辉腾锡勒草原风力发电机实景。

图 3 – 10　辉腾锡勒草原风力发电机（石全虎　摄）

（二）风力发电对草原环境的影响

风力发电是将风能转变成电能，为人类提供电力资源。相对于火力发电、水力发电而言，风力发电不会污染水源、空气，不会排放有毒有害物质。在节碳减排方面，风力发电释放二氧化碳的量相对其他发电方式几乎可以忽略不计，在缓解全球气候危机方面有促进作用。

我们根据学者研究发现，架设风机的过程会破坏土壤表层，表土层（腐殖质层）厚度降低，以架设风机的地点为中心，其周围160～250平方米的范围内为裸土地（不包括施工过程新开道路及掩埋线缆工程所破坏的植被），风机后期维护人为活动干扰严重，致使破坏的植被恢复速度很慢。依据多年野外调查数据计算不同样地丰富度指数、辛普森（Simpson）指数、香农—维纳（Shannon - wiener）指数、皮卢（Pielou）均匀度指数，不同样地间四项指标均有波动，但其变化规律并不是随着风机数量的增减而变化。而我们在野外实习中发现，架设风机的附近出现了大量的狼毒，表明草原受风力发电机的干扰，草地出现了严重的退化现象。

六、深成侵入花岗岩特征

深成侵入花岗岩是一种深成酸性火成岩，属于岩浆岩，俗称花岗石，二氧化硅含量多在70%以上，块状无层理，花岗镶嵌结构，常经球状风化，颜色较浅，以灰白色、肉红色者较常见。其主要由石英（硬度7）、长石（硬度6）和少量黑云母（硬度2～4）等暗色矿物组成；石英含量为20%～40%，碱性长石多于斜长石，约占长石总量的2/3以上；碱性长石为各种钾长石和钠长石；暗色矿物以黑云母为主，含少量角闪石。其具有花岗结构或似斑状结构。

其分类如下：

按所含矿物种类可分为：黑色花岗岩、白云母花岗岩、角闪花岗岩、二云母花岗岩等；

按结构构造可分为：细粒花岗岩、中粒花岗岩、粗粒花岗岩、斑状花岗岩、似斑状花岗岩、晶洞花岗岩及片麻状花岗岩等；

按所含副矿物可分为：含锡石花岗岩、含铌铁矿花岗岩、含铍花岗岩、锂云母花岗岩、电气石花岗岩等。常见长石化、云英岩化、电气石化等自变质作用。

花岗岩是一种分布广泛的岩石，各个地质时代都有产出，形态多为岩基、岩株、岩钟等。在成因方面，有人认为花岗岩是地壳深处的岩浆经冷凝结晶或由玄武岩浆结晶分异而成，也有人认为是深度变质和交代作用所引起的花岗岩化作用的结果。许多有色金属矿产如铜、铅、锌、钨、锡、铋、钼等，贵金属如金、银等，稀有金属如铌、钽、铍等，放射性元素如铀、钍等，都与花岗岩有关。

花岗岩结构均匀，质地坚硬，颜色美观，是优质建筑石料。其抗压强度根据石材品种和产地不同而异，约为 1000～3000 公斤/厘米。花岗岩不易风化，颜色美观，外观色泽可保持百年以上，由于其硬度高、耐磨损，除了用作高级建筑装饰工程、大厅地面外，还是露天雕刻的首选之材，特别是花岗岩造就了很多名山大川，东北大小兴安岭、东南沿海一带都有成群的花岗岩分布。安徽黄山多姿的奇观就是花岗岩体经过漫长的地质构造运动形成的。在陕西华山也可以看到花岗岩体被断裂切割成十分陡峭的地形，形成好像被斧头劈开一样笔直的百丈陡崖。花岗岩这么坚硬耐磨，是因为组成它的矿物比较坚硬、结构致密的缘故。但有些花岗岩含有放射性元素，会使人身体受到伤害。一般来说，碱性花岗岩含有放射性元素较多。放射性矿物的特征是具有鲜艳的颜色和油脂光泽等。在选购石材时最好不要用天然的红色花岗岩。不含放射性元素的花岗岩呈灰白色，虽然颜色不很鲜艳，但为了安全起见最好还是选择它们，或者去选购人造花岗岩的板材。

主要造岩矿物——石英：石英化学式为 SiO_2。在自然界中的石英石的主要成分为石英，常含有少量杂质成分，如 Al_2O_3，CaO，MgO 等，它有多种类型。日用陶瓷原料所用的有脉石英、石英砂、石英岩、砂岩、硅石、蛋白石、硅藻土等，水稻外壳灰也富含 SiO_2。石英外观常呈无色、白色、乳白色、灰白半透明状态，莫氏硬度为 7，断面具玻璃光泽或脂肪光泽，比重变动于 2.22～2.65 之间，石英与普通砂子、水晶"系出同门"。二氧化硅结晶完美时就是水晶；二氧化硅胶化脱水后就是玛瑙；二氧化硅含水的胶体凝固后就成为蛋白石；二氧化硅晶粒小于几微米时，就组成玉髓、燧石、次生石英岩。

石英砂是一种坚硬、耐磨、化学性能稳定的硅酸盐矿物，其主要矿物成分是 SiO_2。石英砂的颜色多种多样，常为乳白色、无色、灰色。硬度为 7，性脆，无解理，贝壳状断口。其油脂光泽，密度为 2.65 克/立方厘米，化学、热学和机械性能具有明显的异向性，不溶于酸，微溶于 KOH 溶液，熔点 1750℃，具压电性。石英砂是重要的工业矿物原料，广泛用于玻璃、铸造、陶瓷及耐火材料、冶金、建筑、化工、塑料、橡胶、磨料等工业。石英是非可塑性原料，其与黏土在高温中生成的莫来石晶体赋予瓷器较高的机械强度和化学稳定性，并能增加坯体的半透明性，是配制白釉的良好原料。

七、草原植物群落样地调查法

（一）实验原理

样方法是用一定面积作为整个群落的代表，详细计算这个面积中的植物种类、频度、多度、优势度和重要值。这个方法可以确定群落的优势种，也可以对植被进行分类以及进行其他植被分析。

（二）实验的准备

（1）测量仪器：GPS、指南针、经纬仪、测绳、计步器。

（2）调查测量设备：照相机、钢卷尺、采集杖、各种表格、记录本。

（3）文具用品：彩笔、铅笔、橡皮、小刀、米尺、绘图簿、资料袋等。

（4）采集工具：铁铲、枝剪、标本袋、标本夹、标本纸、放大镜等。

（三）具体操作

样地设置与群落最小面积调查。样地不是群落的全部面积，它仅是代表群落的基本特征的一定地段。对植物群落考察应在确定的样地内进行，通过详细调查，来估计推断整个群落的情况。

选择样地应遵循下列原则：

（1）种的分布要有均匀性；

（2）结构完整，层次分明；

（3）环境条件（尤指土壤和地形）一致；

（4）群落的中心部位，避免过渡地段。

1. 样地的形状

样地大多采用方形，又称样方，可根据不同研究内容具体选择。小型样方用于调查草本群落或林下草本植物层，大型样方用于调查森林群落或荒漠中的群落。我们还会用到罗盘来进行校准，保证测绳为直线，通过测量线上面的读数来确定样方每边的长度。

2. 样地面积

下列样地面积的经验值可供考察时参考使用：草本群落 1 ~ 10 平方米，灌丛 16 ~ 100 平方米，单纯针叶林 100 平方米，复层针叶林、夏绿阔叶林 400 ~ 500 平方米，亚热带常绿阔叶林 1000 平方米，热带雨林 2500 平方米，但是我们在实习过程中通常采用以下面积：草本群落 1 平方米（见图 3 – 11），灌木群落 25 平方米，乔木群落 100 平方米。

图 3 – 11　学生野外 1 × 1 草本样方（李雨杰　摄）

3. 样地数目

样地数目的多少取决于群落结构复杂程度。根据统计检验理论，多于 30 个样地的数值，才比较可靠。为了节省人力与时间，考察时每类群落根据实际情况可选择 3~5 个样地，所有样地应依照顺序进行编号，以免混乱。

（四）植物群落样地调查内容与方法

1. 环境调查

环境条件包括以下五项：（1）地理位置；（2）地形条件；（3）人类影响；（4）土壤条件；（5）气候条件。

环境是指某个特定主体周围一切事物及现象的总和。影响植物生存的环境因素（生态因子）根据其性质可分为 6 个基本类型。

非生物因子：（1）气候因子。如光、温度、降水、风等。（2）土壤因子。包括土壤结构、物理性质和化学性质。（3）地形因子。如海拔高度、坡向、坡度、坡位和坡型。

生物因子：（1）植物因子。包括植物之间的机械作用、共生、寄生和附生。（2）动物因子。如摄食、传粉和践踏等。（3）人为因子。如垦殖、放牧和采伐等。

2. 植物群落的属性标志及其调查方法

（1）群落的分层结构。

植物群落的成层现象是极其重要的特征。一般优势层能较好地反映外界环境，其他层则更多地表现出群落内部环境。

层是群落的最大结构单位，在很大程度上决定了群落的外貌特征和群落类型位置。群落调查一般均以层为单位分别进行，森林群落一般分成乔木层、灌木层、草本（及小灌木）层、地被层四个基本层。

每层内若由一些不同高度，乃至有不同生态特征的物种构成时，通常进一步细分为若干亚层。

藤本植物和附生植物被列入层外植物（或称层间植物），单做记载。

（2）群落的种类组成。

种类组成是群落的另一实质性属性特征。登记每个样方所有高等植物种类（分层进行）的工作必不可少，需认真而仔细，同时采集标本（即使自己以为认识）。野外实习时学生不可能识别所有植物，尤其应该采集标本，不认识的种类可用采集号码代表，以后再定名订正。

登记植物种类时仍要遍查样方有无遗漏，有些种类在样方中没有，但分布在样方周围，也要登记，并且将名单分别填入各层。

（3）生活型和生态类型组成。

在天然和半天然植物群落中，所有植物种类不可能都属于同一生活型，而是由多种生活型所组成的，因而为了更清楚地认识群落的生态特征，调查时应把组成群落的植物种类所属的生活型和单因子生态类型尽量弄清楚。

我国关于植物生活型的分类，一般采用丹麦学者瑙基耶尔的生活型系统和《中国植被》一书中所制定的生活型系统。瑙基耶尔的生活型系统，强调植物营养体对气候的适应，选择更新芽的位置作为划分生活型的依据，把植物生活型分为以下五类：

①高位芽植物（Ph），更新芽位于距地面30厘米以上，多为乔木；

②地上芽植物（Ch），更新芽位于土壤表面至地上30厘米之间，多为灌木、半灌木植物；

③地面芽植物（H），更新芽位于近地表面土层内，常被地被物覆盖，为多年生草本植物；

④隐芽植物（Cr），更新芽隐藏在地下或水中，为草本植物；

⑤一年生植物（Th），靠种子越冬。

调查时根据以上几点仔细统计填写，然后加以讨论。

（4）物候期。

物候期指的是调查时某种植物所处的发育期，可反映植物与环境的关系，既标志当地相应的气候特点，又说明植物对各样方、群落内部不同位置的小环境适应情况。

野外调查时，大体可分为萌动、抽条、花前营养期、花蕾期、花期、结实、果（落）后营养期、（地上部分）枯死。通常使用简单图像符号或缩写字母代表，填写比较方便。

（5）生活力。

在了解了各种植物所处物候期以后，可以判断群落中各种植物生活是否正常有力。野外记录要求区分以下三级生活力。

强：植物发育良好，枝干发达，叶子大小和色泽正常，能够结实或有良好的营养繁殖。

中：植物枝叶的发展和繁殖能力都不强，或者营养生长虽然较好但不能正常结实繁殖。

弱：植物达不到正常的生长状态，显然受到抑制，甚至不能结实。

3. 植物群落的数量标志及其调查方法

（1）多优度—群聚度的估测及其准则。

多优度和群聚度相结合的打分法和记分法是法瑞学派传统的野外工作方法。它是一种主观观测的方法，要有一定的野外经验，这一方法与重视植物种类相结合构成了这一学派的特色。

这一方法有两个等级，即多优度等级和群聚度等级，准则如下。

多优度等级（即盖度—多度级，共6级，以盖度为主结合多度）：

5：样地内某种植物的盖度在75%以上者（即3/4以上者）；

4：样地内某种植物的盖度在50%～75%以上者（即1/2～3/4者）；

3：样地内某种植物的盖度在25%～50%者（即1/4～1/2者）；

2：样地内某种植物的盖度在5%～25%者（即1/20～1/4者）；

1：样地内某种植物的盖度在5%以下，或数量尚多者；

＋：样地内某种植物的盖度很少，数量也少，或单株。

群聚度等级（5 级，聚生状况与盖度相结合）：

5：集成大片，背景化；

4：小群或大块；

3：小片或小块；

2：小丛或小簇；

1：个别散生或单生。

因为群聚度等级也有盖度的概念，故在中、高级的等级中，多优度与群聚度常常是一致的，故常出现 5.5、4.4、3.3 等记号情况，当然也有 4.5、3.4 等情况，中级以下因个体数量和盖度常有差异，故常出现 2.1、2.2、2.3、1.1、1.2、+、+.1、+.2 的记号情况。

（2）盖度（总盖度、层盖度、种盖度等）的测量。

群落总盖度是指一定样地面积内原有生活着的植物覆盖地面的百分率，包括乔木层、灌木层、草本层、苔藓层的各层植物。所以相互层之重叠的现象是普遍的，总盖度不管重叠部分，只要投影覆盖地，两者都同等有效。如果全部覆盖地面，其总盖度为100%，如果林内有一个小林窗，地表正好都为裸地，太阳光直射时，光斑约占盖度的10%，其他地面或为树木覆盖，或为草本覆盖，此样地的总盖度为 90%。总盖度的估测对一些比较稀疏的植被来说，是具有较大意义的。草地植被的总盖度可以采用缩放尺实绘于方格纸上，再按方格面积确定盖度百分数。

层盖度是指各分层的盖度，乔木层有乔木层的盖度，草木层有草木层的盖度。实测时可用方格纸在林地内勾绘，比之估测要准确得多。然而，有经验的地植物学工作者都善于目测估计各种盖度。

种盖度是指各层中每个植物种所有个体的盖度，一般也可目测估计。盖度很小的种，可略而不计，或记小于 1%。

个体盖度即指单个植物的冠幅、冠径，是以个体为单位，可以直接测量。

由于植物的重叠现象，故个体盖度之和不小于种盖度，种盖度之和不小于层盖度，各层盖度之和不小于总盖度。

（3）树高和干高的测量。

树高是指一棵树从平地到树梢的自然高度。通常在做样方的时候，先用简易的测高仪（例如魏氏测高仪）实测群落中的一株标准树木，其他各树则估测。估测时均与此标准相比较。

干高即为枝下高，是指此树干上最大分枝处的高度，这一高度大致与树冠的下缘接近，干高的估测与树高相同。

目测树高和干高的两种简易的方法，可任选一种。第一种为"仪器观测"，具体的方法是利用测高仪来进行测量，通过测高仪发出的激光来大概估测树高。第二种方法为"二分法"，即测者站在距树远处，把树分割成 1/2、1/4、1/8、1/16，如果分割至 1/8处为 2 米，则 2 米 × 8 ＝ 16 米，即为此树高度。

（4）胸径和基径的测量。

胸径是指树木的胸高直径，大约是距地面1.5米处的树干直径。测量胸径要用特别的轮尺，在树干上交叉测两个数，取其平均值，因为树干有圆有扁，对于扁形的树干尤其要测两个数。在地植物学调查中，一般采用钢卷尺测量即可，如果碰到扁树干，测后估一个平均数就可以了，但必须坚持株株实地测量的原则。

注意：胸径2.5厘米以下的小乔木，一般在乔木层调查中都不必测量，应在灌木层中调查。

基径是指树干基部的直径，是计算显著度时必须要用的数据，测量时，也要用轮尺测两个数值后取其平均值。一般用钢尺也可以。一般树干基径的测量位置是距地面30厘米处，同样必须实测，不要任意估计。

（5）冠幅、冠径和丛径的测量。

冠幅是指树冠的幅度，专用于乔木调查时树木的测量，严格测量时要用皮尺，通过树干在树下量树冠投影的长度，然后再通过树干与长度垂直量投影的树冠的宽度。例如长度为4米，宽度为2米，则记录下此株树的冠幅为4米×2米。然而在地理植物学调查中多用目测估计，估测时必须在树冠下来回走动，用手臂或脚步帮忙测量，特别是那些树冠垂直的树，更要小心估测。

冠径和丛径均用于灌木层和草本层的调查，因为调查的样方面积不大，所以进行起来不会太困难。测量冠径和丛径的目的在于对此群落中的各种灌木和草本植物固化面积。冠径是指植冠的直径，用于不成丛的单株散生的植物种类，测量时以植物种为单位，选测一个平均大小（即中等大小）的植冠直径，如同测胸径一样，记一个数字即可，然后再选一株植冠最大的植株测量直径记下数字。丛径是指植物成丛生长的植冠直径，在矮小灌木和草本植物中各种丛生的情况较常见，故可以丛为单位测量共同种各丛的一般丛径和最大丛径。

（五）结果统计与分析

（1）分析群落各层（乔木层、灌木层、草本层）的数量特征，比较不同类型群落数量特征的差异。

（2）计算群落各层中不同植物种的重要值，根据重要值大小分析不同种类在该层及群落中的重要性及形成原因。

（3）植物群落物种多样性：物种丰富度指数计算、辛普森多样性指数、香农—维纳多样性指数。

八、土壤野外采样及处理

土壤样品的采集是土壤测试的一个重要环节，采集有代表性的样品，是如实反映客观情况的先决条件。尽可能优先采用分区布点法进行检测点位的布设，每个采样单元的土壤要尽可能均匀一致。

（一）采样时间和频率

（1）土壤污染监测、土壤污染事故调查及土壤污染纠纷的法律仲裁的土壤采样，一般要分为三个阶段进行：前期采样（初步验证污染物扩散方式和判断污染程度）、正式采样（制订采样计划并按照要求现场采样）、补充采样（正式采样后，未满足要求，需进行补充采样，如在污染物高浓度区适当增加点位）。

（2）对面积小、紧急的污染事故可采取一次采样方式。

（3）一般土壤样品在农作物收获后与农作物同步采样。

（4）科研性监测时，可在不同生育期采样或视研究项目而定。

（5）不在雨雪天气采样。

（二）采样深度和采样量

种植一般农作物，每个样点采集0～20厘米耕作层土壤；种植果林类农作物，每个样点采集0～60厘米耕作层土壤；了解污染物在土壤中垂直分布时，按土壤发生层次采土壤剖面样。各分点混合均匀后无特殊要求一般采集1千克，多余部分用四分法弃去。

（三）样品采集

利用GPS确定具体布设点的位置后，根据已经确定的采样方法，结合当地实际情况，进行土样的采取。将采集好的土样放入取样袋，并在袋上写明样品名称、采样时间、采样地点、采样深度、采样方法及采样员姓名，并用相机拍摄采样区现状。样品采集结束后，应核对样品名称、采样地点、采样工具等资料，确认无误可撤离采样区。

（四）测定土壤水分和土壤容重

为了使同学们更好地掌握采样的方法，在野外采集0～5厘米土壤样品的混合样，装入在实验室已经称好重并标号的铝盒（环刀），假设铝盒（环刀）空重M_1，装入湿土的铝盒（环刀）重M_2，将铝盒（环刀）放入105℃的烘箱内，烘至少8小时后，称干重为M_3，计算土壤含水量的公式如下：

$$土壤含水量（\%）=(M_2-M_3)/(M_3-M_1)\times100\%$$

土壤容重应称为干容重，又称土壤假比重，一定容积的土壤（包括土粒及粒间的孔隙）烘干后的重量与同容积水重的比值。为了测定土壤容重，我们采用体积为100立方厘米的环刀采集0～5厘米原状土壤，计算土壤容重的方法如下：

$$土壤容重=[(M_2-M_3)/(M_3-M_1)]/100$$

（五）土壤样品的处理

1. 风干

因采集后的土样大多是含有水分的，所以需要将采回的土样进行干燥处理，需注意避免暴晒以受到其他因素影响，可选择室内自然风干或者烘箱烘干。在样品风干室将样品放置在晾样盘中，摊成 2 厘米厚的薄层，并压碎、翻拌、拣出碎石、砂砾及植物残体等杂质。

2. 研磨、筛分

将风干的样品倒在有机玻璃板上，用工具再次压碎，拣出杂质，用四分法分取压碎样，全部过 20 目尼龙筛，置于无色聚乙烯薄膜或牛皮纸上，充分混匀。粗磨后的样品用四分法分成两份，一份留存，另一份用于样品细磨。粗磨样可直接用于测定土壤中 pH 值、土壤代换量、速效养分含量、元素有效性含量。用于细磨的样品用四分法第二次缩分成两份，一份备用，一份研磨至全部过 60 目或 100 目尼龙筛，过 60 目的样品用于农药或土壤有机质、全氮量等分析，过 100 目的样品用于土壤元素全量分析。

3. 土壤样品分装

经研磨混匀后的样品，分装于样品袋或样品瓶。填写土壤标签一式两份，瓶内或袋内放一份，外贴一份。

【思考题】

1. 草原根据建群种的生物学和生态学特点可分为哪三个亚型？它们各自具有哪些特点？内蒙古中部地带性植被属于哪一种类型？有无非地带性植被？如果有，我们实习观察到的有哪些？

2. 详细介绍草本植物样方调查法。如何准备和具体操作？它的原理是什么？

3. 如何布设样方？如何制作植物标本？根据所调查的辉腾锡勒草原的植物样方情况填写题后草本调查表。

草本调查表

调查者：_____　　日期：_____　　样地号：_____　　样地面积：_____

群落郁闭度：_____　　乔木层：_____　　灌木层：_____　　草本层：_____

群落类型：_____　　　　　　群落名称：_____

植物名	层次	株（丛）数	盖度（%）	多度	高度（cm）		物候相	生活型	备注
					最高	平均高			

第五节　凉城县综合自然地理实习

 一、实习内容

（1）认识内蒙古自治区主要土壤的类型、特点、分布特征；典型栗钙土主要土壤过程分析；土壤资源的利用开发；土壤剖面特征分析，土壤非地带性规律。观测当地的土壤剖面，根据土壤剖面分析土壤的成土过程。

（2）认识半干旱区构造湖的形成机理，掌握岱海湖泊水文基本概念及特征、岱海湖泊演化分析。观察分析近岸湿地植被与土壤特征，并分析其形成过程。理解水体旅游资源的旅游功能及形成原因，掌握水域风光类旅游资源的利用开发及类型。了解岱海与人类活动的密切关系。

（3）了解内蒙古地带性和非地带性特征，熟悉大青山不同坡向垂直地带性基本特征以及影响因素，并且掌握大青山山地植被和土壤垂直地带性的特点，根据其成因分析山地旅游资源开发利用特点。

 二、实习目标

（1）初步了解阴山山脉余脉蛮汉山山地植被类型和代表性植物的种属，观察植物生态与环境的关系；使学生学习掌握植物群落调查的样方方法和记录项目；观察记录蛮汉山山地自然垂直带谱的分布。

（2）了解土壤剖面的选择和观测及对土壤组成、结构等特征的形状描述和化学性质的简易测定，掌握土壤剖面的选择标准和土壤性状的分析描述项目。

（3）掌握湖泊的形成因素，湖泊水文状况，明确围绕湖泊的土壤植被的地带性变化特征，同时了解湖泊附近的环境污染和防治方法。

（4）从综合内容上，重在内蒙古高原—阴山山地—丘陵—湖泊的水平地带性野外观察：主要考察中温带半干旱森林—棕壤、暖温带半湿润森林草原—褐土、暖温带灌木草原—山地土壤（淋溶褐色土）等水平地带性规律。

 三、凉城县自然概况

（一）地理位置

凉城县位于内蒙古自治区乌兰察布市中南部，地处东经 112°02′至 113°02′之间，北纬 40°10′至 40°50′之间，东邻丰镇市，西与呼和浩特市接壤，南与山西省左云县、右玉县交界，北和卓资县相邻。县境东西最长 82 公里，南北最宽 73 公里，总面积为 3458.3 平方公里。

（二）地质地貌

凉城县地质构造比较复杂，处于华北地台北缘，地台基底大约于前寒武纪的吕梁运动形成，现今的地质构造和地貌轮廓奠定于中生代燕山运动。地表覆盖物在第三纪和全新世形成，盖层中有玄武岩、花岗岩和片麻岩类等，是该县主要的成土母质。地貌轮廓和结构主要受地质构造基础所控制，凉城县总地势为四面环山、中间滩川和山中盆地。

山地多东北—西南走向，境内海拔高度 1158 ~ 2305 米。可划分为中低山地、丘陵、陷落盆地平原、山间盆地四种地形。县境北部是阴山支脉—蛮汉山，为西南—东北走向，长约 65 公里，山势狭陡，海拔高度 1600 ~ 2305 米，主峰 2305 米，气候寒冷，是全县的主要林业区。

南部是阴山支脉—马头山，东西长约 55 公里，山势平缓而宽，海拔高度为 1600 ~ 2061 米，主峰平顶山 2061 米。气候较寒，以农业为主。

西南部、东北部是起伏连绵的丘陵地带，连接蛮汉山、马头山，海拔 1300 ~ 1600 米；中部是西南—东北走向的冲积平原—岱海滩，地势平坦，海拔 1200 ~ 1300 米。平原底部是一面积较大的内陆湖—岱海，这里气候温暖，是全县的农、经、水产区。在西北端蛮汉山下，经黄土缓丘陵，紧接地势低平，海拔 1200 米以下，是土默川平原部分，气候温暖，以农业为主。

（三）气候特点

凉城县属中温带半干旱大陆性季风气候。气候特点是冬季漫长，寒冷多风而干燥；夏季短促，雨水集中而温热；春秋天气多变而剧烈。

全县年平均气温 2 ~ 5℃，1 月平均气温 -13℃，7 月平均气温 20.5℃。4 ~ 10 月份平均气温稳定在 5℃以上，6 ~ 8 月份平均气温稳定在 15℃以上，温暖期与作物生长期相吻合。

热量的分布规律是由中部滩川区向南北丘陵山区随海拔递增而热量递减。无霜期一般为 120 天左右（80 ~ 125 天）。凉城县年平均降雨量为 350 ~ 450 毫米。凉城县主要产粮区为岱海滩地。

（四）水文状况

凉城县外部为黄河水系，分布于西侧和北侧；岱海盆地内部为岱海水系；此外还有永定河水系。即凉城县水系属黄河、岱海、永定河三大流域。其中岱海水系占全县总流域面积的 55.6%，主要有弓坝河、五号河、天成河、步量河、目花河和北边的季节性河流。据统计，注入岱海的一级河沟有 22 条。

地表水是由大气降水所补给的地表径流，包括河流、季节性河渠和沟道水流两部分组成。

大气降水是凉城县地下水的主要补给来源，岱海周围的山地是地下水的补给区。由于山丘地表坡度大，沟谷多而深，而且基岩是花岗岩、片麻岩和玄武岩，渗水性能差，集中雨量大部分形成地表径流，少量渗入基岩裂隙，故凉城县浅层地下水比较贫乏，而且大部分汇聚于岱海滩及陷落盆地。

（五）植被土壤

凉城县地处中温带半干旱的典型草原生物气候带，天然植被受水热条件和复杂地形的影响，从中山山地至丘陵、岱海盆地的分布规律是山地旱生灌丛草原和次生天然落叶阔叶林、人工林、半干旱草原、草甸和沼泽盐生植被。

森林灌丛草原植被类型分布于蛮汉山和马头山山地阴坡和半阴坡。

半干旱草原植被类型分布于低山丘陵，由多年生旱生草本植物组成本氏针茅和克氏针茅为建群，是凉城县典型的自然植被。

山地草甸草原植被类型分布于蛮汉山和马头山西北部和南部海拔 1900 米以上山地，植被属贝加尔针茅、羊草、杂类草群落。

草甸和盐生植被类型分布于山间丘谷地，河流阶地和河漫滩及湖盆地内，水分条件较好，是非地带性植被，多属中生和湿生植物，以及盐化或盐生植物。

凉城县的土壤共有 6 个土类、15 个亚类、53 个土属、201 个土种，6 个土类分别是：灰褐土、栗钙土、栗褐土、草甸土、盐土和沼泽土。

四、地带性土壤——栗钙土

观察点的土壤为栗钙土。栗钙土是钙层土的典型性土类，因颜色有些像板栗的外壳而得名。其分布的范围很广，在内蒙古自治区，包括黄河后套以东的广大草原地区，差不多占据整个高原面积的 1/2，成为内蒙古草原土壤的主体。栗钙土地区气候比黑钙土地区干些、暖些，属于温带半干旱大陆性气候类型，水分条件不能完全满足旱作农业的要求，草场为典型的干草原。

栗钙土腐殖质累积程度比黑钙土弱些，颜色以栗色为主，但程度不同；腐殖质下渗短促，层面整齐或略呈波浪状，没有黑钙土那样的下渗特点。

内蒙古高原碳酸钙含量普遍较低，厚度较薄。总之，栗钙土属较肥沃的土壤，内蒙古高原的栗钙土具有少腐殖质、少盐化、少碱化和无石膏或深位石膏及弱黏化特点。

栗钙土可以分为普通栗钙土、暗栗钙土、淡栗钙土、草甸栗钙土、盐化栗钙土、碱化栗钙土及栗钙土性土。我们所处位置的土壤质地以细沙和粉沙为主，区内沙化现象较严重。这里既是主要的牧业基地，又有不少旱作农业。二者都因水分不足，经营粗放单一，生产很不稳定。

为合理使用土壤资源，应根据具体条件，实行以农为主或以牧为主不同形式的农牧结合。

栗钙土是本研究区典型的地带性土壤。栗钙土按照主要成土过程的表现程度可分为暗栗钙土、普通栗钙土、淡栗钙土、栗钙土性土；按照伴随的附加过程在剖面构型上的表现及新的特征可分为草甸栗钙土、盐化栗钙土和碱化栗钙土（见图3-12）。通过观察可知，观察点的土壤从上至下可分为三层，即：腐殖质层、典型钙积层、母质层。

土壤的质地较为松散，由上到下依次由沙土→粉沙土→沙壤土→壤土→黏土过渡的，而且紧实程度由上至下增大。植物根系较浅，土物多为黄土，主要原因一方面是成土过程腐殖质的积累，另一方面是钙积的作用。

土壤很少有团粒结构，因为有机质含量少。钙积层一般为块状结构，滴盐酸分解$CaCO_3$。土层由上到下呈弱碱至碱性反应，局部地区还有碱化现象发生。

野外取样既是教学内容，也是一项基本技能，必须掌握。操作时注意每层取样两公分，根据机械组成由下往上取，对于放射性土壤应当1cm取一层。研究内容、目的不同，取样也不同。

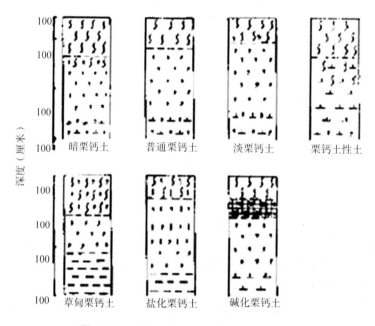

图3-12 栗钙土各亚类剖面构型示意图

五、风成沉积物——黄土

本观察点的土质由黄土构成。黄土指的是在干燥气候条件下形成的多孔性具有柱状节理的黄色粉性土，是沙粒、黏土和少量方解石的混合物，浅黄或黄褐色，内部空隙较大，用手搓捻容易成粉末，有显著的垂直节理，无层理，在干燥时较坚硬，被流水浸湿后，通常容易剥落和遭受侵蚀，甚至发生塌陷，且有许多可溶性物质，很容易形成沟谷。

观察点地处山前，由于山地流水的作用，形成了山前三角洲，土壤层比较深厚，适合于工矿企业用地，因而此地有一定规模的砖厂。在深厚的土层中可以看到明显的分层现象，从上到下颜色由红到黄。为什么这里的黄土有一部分颜色会发红？这是因为有一部分黄土是在第三纪后期第四期早期形成的，温湿条件下淋溶作用强，铁、钙留下，形成氧化层的缘故。

黄土是本区土壤形成的重要母质，在这个点上的土壤具备土壤腐殖层、淋溶层、淀积层三层的分层特征，还有其他土壤所不具备的特殊品质，土质肥沃，对农业生产极为重要，因此这里的土地利用为草原农耕带，主要是农用地、环形防护带、工矿企业等，但是必须看到，由于人为的原因，植被破坏，水土流失，已经给农业生产和工程建设造成了严重的危害，需要合理的治理及利用。

六、岱海湖泊水文实习

（一）岱海概况

定位观察。海拔高度：1200m；绝对位置：40°35′48.1″N，112°38′47.3″E。岱海位于乌兰察布市凉城县境内，交通便利，呼阳公路（呼和浩特至山西阳高县）横穿北岸，京包铁路、京呼高速擦边而过，岱海是内蒙古第三大内陆湖，东西长20公里，南北宽10公里，水面约130平方公里，盛夏时节，岱海宛如莲叶初露，翠色可人，有"草原天池"之美誉（见图3-13）。

图3-13　岱海湖泊野外实习

岱海平均水深 7 米，深处 18 米，有 29 种鱼类在此生长。湖的四周，滩川广阔，林木茂盛。岱海东临麦胡图镇，属蛮汉山、马鬃山中间凹形盆地，具有得天独厚的发展旅游业的条件。

古往今来，岱海吸引着无数游人，历代达官贵人、文人墨客前来观赏其"鸿鹜成群，风涛大作，浪丈余高，若林立，若云重"的自然美景。湖的北面有一温泉，为重碳酸钠弱矿化热水，地表水温 38℃，水中含有锶、锂、锌、硒等 17 种对人体有益的微量元素，对治疗多种疾病有显著疗效。

（二）岱海地质

岱海地质形成的内营力是第三纪的造山运动。位于岱海南部的玄武岩是由第三纪活动强烈的火山爆发所形成，现仍存在一些火山口、流纹岩与沸石，那是温度很高的岩浆在运行过程中随着温度的下降，流速降低形成的。岱海边的中低山是大青山东南方向延伸的分支。在岱海的边缘，水源处所形成的冲积扇和洪积扇，是由季节性、间隙性流水作用形成的，湖盆是由于地质作用，岩石下陷而形成的大型断裂构造，大量的水积聚而成的湖泊。

（三）岱海土壤

环岱海的部分都是草甸土，以湖为中心，往外呈辐射状产生新的景观带——环形景观带。环岱海沼泽和草甸：北侧宽度不宽，三苏木南则很宽，由内到外，盐化成分越来越多，由于坡度大，距离小，水慢慢进来，大量蒸发，盐化程度高。如果土壤水分较多就成为沼泽土。当沼泽土内的有机物积累过多，将变为泥炭层。在生长芦苇的地方就存在泥炭层，其发育中形成明显的两层，上层为泥炭层，下层为潜育层，土壤剖面从上到下分为泥炭层、潜育层、母质层，但土层比较薄。

（四）岱海植被

由于长期受盐水的影响，岱海周围分布着耐盐生的盐化草甸。再往远走分布着以克氏针茅为建群种的克氏针茅草原。在岱海北部，呈条带状地分布着以木氏针茅为建群种的长芒草草原；在岱海的西北部分布着疏林地和灌丛草甸。这样的分布主要受岱海这一小环境的影响。

从水分角度来说，这里比周围地区丰富，湿度也较大，因而适合草甸草原的发育。从土壤角度来说，在岱海周围的土壤受盐水作用强，自然分布着一些耐盐碱的盐化草甸。

岱海周围的土地利用主要为农业用地，耕地集中于西南部，越近岱海盐分越大，这主要与碳酸盐的分布有关。从主进水口到内部盐类的分布为碳酸盐、硫酸盐和氧盐。

近年来，由于全球气温升高，岱海也避免不了退缩的命运。此外，岱海退缩的主要原因，是在岱海河源的上游处层层建水库，使岱海的水源得不到补给，水量趋于不平衡而导致的结果。

七、蛮汉山自然地理规律实习

蛮汉山位于乌兰察布市凉城县西北部，属大青山南支，由一系列南北走向的平行山梁组成，是岱海盆地向呼和平原的过渡地带；距凉城县 25 公里，素称"绿色王国"；自东北向西南绵延 70 公里，东西宽约 15 公里，主峰位于凉城县东十号乡境内，海拔 2305 米；山体宏伟，风景秀丽；山上有林地约 10 万亩，其中天然林约 8 万亩；蕴含丰富的野生药物资源和动物资源。

蛮汉山属阴山山脉，这一名称是蒙语，汉译为"云雾缭绕的陡峰"，其诞生于燕山运动时期，气势磅礴，被誉为"塞外天山"。山区内峰峦起伏、树木葱葱，有很多奇峰怪石。宜人的气候条件，神话般的传说，构成蛮汉山集神、奇、怪、幽于一体的鲜明特色，其以独特的风姿名列凉城八景之最，吸引着四方游客。

蛮汉山的北坡 1993 年 5 月被国家确定为"二龙什台国家级森林公园"。二龙什台为蒙语，汉译为"长红柳的地方"，顺着幽径小道一直向上登高远望，其山背形状酷似两条龙，如舞如飞，飘然自在，这也许是自然与命名的巧合（见图 3－14）。山上的岩石层层叠叠在阳光的照射下发出耀眼的光华，恰似巧夺天工的蓬莱仙境。登上顶峰向北可眺望一马平川的土默特平原，向南可游览黄土高原的质朴风貌，奇花异草，似火如丹，绚烂缤纷，一丛丛、一簇簇，仿佛大自然赐予的秀美宝珠，镶嵌在崖谷坡岭。蛮汉山上的白桦林和以山杨为主的天然次生林，有保持水土、涵养水源、调节气候、防风固沙的独特作用。

图 3－14　二龙什台国家森林公园（石全虎　摄）

蛮汉山垂直地带性可分四个观察点：

（一）蛮汉山山麓观察点

1. 定位观察

海拔高度：1866 米；绝对位置：40°35′2.5″N，112°19′37.6″E。

2. 土壤结构

该观察点的典型土壤是暗栗钙土，剖面有 $CaCO_3$。其剖面分层如下：

（1）层厚 0~20 厘米，层名为腐殖质层，结构呈团块状；

（2）层厚 20~50 厘米，层名为钙积层，结构呈块状；

（3）层厚 50 厘米以下部分属于母质层，无结构。

这里是在花岗岩基质上形成的。

3. 植被情况

以本氏针茅分布最广，在本氏针茅中间夹杂着百里香和银灰色的冷蒿，潮湿低洼的地方有羊草和冰草。这主要与山脚下的气温有关。此地草原退化的标志性植物是狼毒、勿忘我、萎陵菜、金露梅和银露梅，这些植物的分布主要受水分随海拔高度而产生变化的影响。在观察点周围的农田较多，主要的农作物有莜麦、胡麻、大麦和土豆等。

（二）蛮汉山阳坡观察点

1. 定位观察

海拔高度：1893 米；绝对位置：40°35′12.3″N，112°19′32.4″E。

2. 土壤剖面分析

该观察点处于草原向森林过渡地带，典型土壤为栗褐土，其土壤剖面分层如下：

（1）层厚 0~40 厘米；层名为腐殖质层，颜色呈褐色；

（2）层厚 40~72 厘米；层名为钙积层，颜色呈淡白色；

（3）层厚 72~130 厘米；层名为黏化层，颜色呈淡红色；

（4）130 厘米以下，母质层。

其中腐殖质层是由坡积物堆积而成的，黏化层呈褐色，水分较为充足，主要含有铁和铁离子。

3. 植被情况

本观察点属于山地草原植被，垂直带景观明显：有干草原—灌丛草原—中生灌木—造林带，混有农耕草原带，生有天然次生林，主要植物有沙棘、山杏、冷蒿、百里香、羊草、冰草、赖草、金露梅等（见图 3-15）。

图 3 – 15 中生灌木—造林带（石全虎 摄）

（三）蛮汉山雷达站观察点

1. 定位观察

相对位置：航空雷达站附近；绝对位置：40°36′51.6″N，112°18′31.5″E。

2. 草甸土壤剖面

草甸土有机质含量高，下面为花岗岩。其形成的主要条件为：一是低洼的地形；二是土壤水分饱和；三是有机质的存在。

草甸土分为腐殖质层、腐殖质过渡层和潜育层。其中腐殖质层可分为草毡层、有机质层等。草甸土有机质含量较高，腐殖质层也较厚，土壤呈团粒结构，这是最好的土壤结构，由矿物质与有机质结合形成。其中，潜育层是由化学还原过程和有机质的嫌气分解过程共同作用形成的。较好的暗色草甸土，形成的水稳性团粒结构可达 70% ~80%，土壤含水量高，但其处在干旱区，所以与栗钙土共存，因而部分由碳酸盐导致局部盐化现象。

其土壤剖面（见图 3 – 16）如下：

（1）层厚 2 ~3 厘米，层名为草毡，松软；

（2）层厚 3 ~15 厘米，层名为有机质层，也叫腐殖质层；

（3）层厚 15 ~20 厘米；层名为潜育层。水分含量高，氧气少，还原环境，核状结构，土质较好；

（4）层厚 20 厘米以下为母质层属于花岗岩母质。

图 3 – 16　草甸土土壤剖面（王兰　摄）

3. 植被样方调查

该观察点属于山地灌丛草原，种类组成丰富，盖度大。这是因为随着海拔升高，湿度增加，温度下降，草本植物种类增多，数量增大。同时，紫外线辐射增强，不仅促使花卉素形成，使植物开花，而且能使花的颜色鲜艳（见图 3 – 17）。

植被样方调查时可取 1×1 平方米的样地，统计方块内各种植物的多度：即每种植物数量的多少；盖度：也叫投影盖度，即垂直面积占整个样方的面积；高度：即最高、最低的平均高度；频度：即出现的次数，出现样地/总样地数；密度：即植物在样地的丛数；物候期：即营养期、开花期、结果期；生活力：即对环境的适应强度，需用很长时间观察。其中多度可目估等级，分为：SOC（极多，可以形成背景）、COP（多，又可以分为三个等级：COP$_3$ 很多，COP$_2$ 多，COP$_1$ 尚多）、SP（少）、SOL（很少）、NH（个别）。

然后统计做表。样方的选取应具有随意性，目的在于找出群落种的优势种，方法是运用相对值进行比较，每个指标相对值均需计算。

图 3 – 17　山地灌丛草原（王静　摄）

（四）二龙什台森林公园观察点

1. 定位观察

海拔高度：1997 米；绝对位置：40°37′28.6″N，112°18′7.5″E。

2. 植被

该观察点属于森林灌丛草原，植被以次生森林为主，分布于阴坡和半阴坡，垂直分布明显，植被类型交错复杂，表现出明显的过渡特征，森林草原以天然次生阔叶林为主。相比较而言，阴坡水分较多，因此乔木居多。原生乔木有蒙古栎；次生林主要有白桦、山杨、油松；中生灌木有虎榛子、山刺玫、绣线菊等（见图 3 – 18）。

乔木样方的面积为 10 米 × 10 米。观察指标为：株数、密度、胸高、直径、频度、高度；简单目估乔木的平均冠幅——长度、宽度。然后计算相对值，相加便可知优势乔木种。

在野外，我们也发现山地阳坡和阴坡植物类型存在显著差异（见图 3 – 19）。

图 3 – 18　油松灌木带（石全虎　摄）

图 3 – 19　山地阳坡和阴坡植被的差异（王静　摄）

3. 土壤

观察区的典型土壤是灰褐土。灰褐土也叫灰褐色森林土，是温带山地旱生针、阔叶混交林下形成的土壤。其性状虽与褐土有些相似，但并不完全相同，如淋溶作用比褐土弱，黏化作用不如褐土明显，土壤颜色比褐土暗，腐殖质积累作用较强。它是温带干旱半干旱地区山地旱生森林条件下形成的土壤。

灰褐土分布的范围虽广，但实际面积不大。灰褐土地区的气候属温带干旱半干旱大陆性气候类型。灰褐土分布在山地上，一方面山地土层薄、坡度大、石块多，另一方面气温较低，发展农业生产不如褐土地区好。

因为观察点长期温度较低，较潮湿，所以土壤中的钙离子和铁离子流失较为严重，剖面分化明显。

地表为一层较厚的森林残落物层，腐殖质层厚约 $20 \sim 30$ 厘米，黑褐色或棕褐色，粒状或团状结构，并有白色霉状物；淀积层厚约 $30 \sim 80$ 厘米或更厚，暗棕或浅棕色，质地较黏，紧实，块状或棱块状结构，结构体表面有时有黑褐色腐殖质块；向下一般过渡到钙积层，石灰多呈白色假菌丝状。全剖面呈中性至微碱性，腹体为盐基饱和，且以钙离子为主；剖面中部黏化层黏粒含量比上下层高出 $0.5 \sim 1$ 倍以上。在分类上，属于褐土与灰黑土之间的过渡类型。土壤肥力较高，适宜发展林业，是当地重要的林业生产基地。

观察点的土壤：无 $CaCO_3$，长期淋溶，长期低温，潮湿条件下 Na^+ 等流失。主要成分 SiO_2，以粉末状存在，颜色发灰。由上至下土壤剖面为：

（1）层厚 $0 \sim 5$ 厘米，层名为枯枝落叶层，颜色呈黑色；

（2）层厚 $5 \sim 20$ 厘米，层名为腐殖质层，颜色呈黑褐色；

（3）层厚 $20 \sim 45$ 厘米，层名为淋溶层，颜色呈浅褐色；

（4）层厚 $45 \sim 60$ 厘米，层名为灰化淀积层，颜色呈暗棕色；

（5）层厚 60 厘米以下的为母质层。

土壤结构为团粒、团粒和团块交错、核状结构。界线不好划分，按颜色、颗粒划分。土壤中的白色物不是 $CaCO_3$，而是 SiO_2 粉末。

【思考题】

1. 详细介绍凉城县的自然地理情况（如地理位置、地质地貌、气候水文、植物土壤、人类活动等）。

2. 详细介绍岱海湖泊的成因、地质活动、水文特征、植被土壤情况，认真完成岱海旅游区环境问题调查问卷。分小组提交调查报告。

3. 详细介绍蛮汉山自然地理概况（如地理位置、地质情况、土壤分布、植被分布等）。

4. 何为地带性规律？蛮汉山存在山地垂直地带性吗？如果有，请分析具体是如何表现的？（如植被、土壤垂直地带性）

5. 栗钙土是干旱半干旱地区典型地带性土壤，请详细介绍栗钙土的剖面分层特点、形成过程、在我国的地域分布特征、人类活动利用情况等，并填写思考题后的土壤调查记载表。

6. 了解干旱半干旱区典型草原植物群落的特点，能对具有旱生半旱生特点的代表性植物（包括禾本科、灌木）如针茅、唐松草、绣线菊、油松、狼毒、金露梅、委陵菜、白桦、茶条槭、山丹花等科属分类、产地分布、形态特征、生境特点、用途等进行简要的描述。分析得出植物与环境之间相互作用关系。

土壤调查记载表

日期：　　年　　月　　日（阴、雨、晴）	剖面号码：	调查人：
观察地点：		
母质：		地形：
植物：	地下水埋深：	
利用现状：	土壤名称：	
土壤断面示意图	土壤形成、性状的主要特征及利用改良意见	

第四章　区域人文地理野外综合实习

　　人文地理学野外综合实习应以人地关系地域理论为基本理论依据，并作为野外实习的基本指导思想。人地关系地域理论是地球表层一定地域的人地关系系统，也就是人与地在特定的地域中相互联系、相互作用而形成的一种动态结构。人地关系系统是地理环境和人类社会两个子系统交错构成的复杂开放系统，内部有一定的结构和功能机制。在这个系统中，人类社会和地理环境两个子系统之间的物质循环和能量转化相结合，就形成了人地系统发展变化的机制。为了让学生在野外实习中更加全面具体地掌握人地关系系统的基本特征，应该从自然和人文两个方面建立系统的变量识别指标加以分析。具体包括：生态环境、自然资源、自然灾害、人口数量质量及流动、人类心理行为、社会活动、经济活动、社会生产力、医疗条件、教育及就业等方面。此外，还应该建立多指标的量化识别体系，应该分析人地关系系统的时空变化规律，如地域规模、位置移动、历史变迁、现实和未来等。

　　人文地理学野外综合实习是在地理科学类专业主修课程完成后，对主修课程中重要内容的野外实践和课堂教学的继续，是培养学生掌握区域人文地理野外调查与研究的重要环节，是理论联系实际的较为完整的实践课程。作为地理科学类专业的学生，需要掌握区域人文地理野外调研方法，开展区域经济社会发展研究及结合所在区域人地关系问题进行深度剖析的能力。通过人文地理学野外综合实习，可以让学生把课本上和课堂上所学习的基本理论和基本方法拓展到实践应用上，加深对基本知识的深度理解和记忆，提高自我思考能力，使学生掌握人文地理野外综合调查的基本方法、区域人文地理调查的基本技巧，从而提高专业业务能力和科研能力，为从事地理科学工作和参加社会经济建设研究奠定良好的基础。人文地理学野外综合实习环节流程如图 4－1 所示。

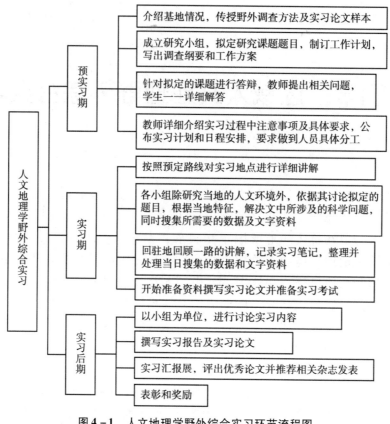

图4-1　人文地理学野外综合实习环节流程图

第一节　人文地理野外综合实习的指导思想

一、实习内容具有时代性、创新性与地域性

首先，实习内容要体现时代性。21世纪人文地理学出现了新的研究内容和研究方向，出现了新的人文地理学分支科学，如行为地理学、企业地理学等分支学科；人文地理学科出现应用化倾向，重视实践研究和可操作性，3S技术等计量研究方法成为热点；体现我国社会、经济、文化活动的时代特色，如乡村振兴战略、美丽乡村建设、传统村落保护、城乡一体化等热点问题。其次，实习内容要具有创新性。野外实习是巩固、深化理论知识的关键环节，只有把个人兴趣与研究性学习相结合，保证实习内容的创新性，才能达到实习的目的，鉴于此，在组织形式上，教师要根据学生的兴趣组建实习小组，完成小型研究性课题。最后，实习内容要具有地域性。人文地理学典型的学科特征就是地域性。地方高校在进行人文地理实践教学中，应该强调面向地方的特点，实习地点可以选择就近区域，用书本理论分析周围的人文地理事物。

二、实习基地应就近性与典型性相结合

人文地理野外综合实习最关键的环节就是实习基地的选取，实习基地的选择通常决定了实习效果。一般情况下，学生实习费用有限且实习时间短。基于这两项因素的考虑，学院的教师在实用性、适用性的原则下会在高校所在地区范围内选择实习基地。此外，基于人文地理学理论内容的丰富性和广泛性，教师一般会选择典型区域作为专业实习基地，即该基地应人文地理资源丰富，能满足较多教学内容实践的需要，能达到综合考察实习的目的。另外，人文地理野外综合实习路线的选择应以在较短的距离内观察到较多和较全面的地理现象为原则，并考虑到景观类型的多样性、典型性、代表性及过渡性，以点线结合的方式掌握区域分异的基本规律及人地关系的相互作用机理。因此，人文地理野外实习应选择能够穿越几个自然带和人文活动地区的路线，以便从整体上对比不同自然地带与人文活动区的地域差异，并从地质、地貌、气候、水文、土壤、植被等自然地理要素的考察入手，开展产业、交通、聚落及人口、民族、文化与人地关系等人文、经济地理要素的分析，剖析区域诸要素间的内在联系与相互作用，正确评价区域内人口、资源、环境与可持续发展的关系，论证人与环境协调发展的途径与对策。

第二节　人文地理野外综合实习基地概况

内蒙古自治区凉城县地处阴山南麓和黄土高原东北边缘，位于内蒙古自治区中南部、乌兰察布市南部，西距呼和浩特市 100 公里，南距大同市 110 公里，北距集宁市 90 公里，东距北京市 400 公里。凉城县具有上千年的历史文化底蕴，作为乌兰察布市农业、工业、文化和旅游发展的重要地区，区域内具有独特的自然地理环境和人文环境，人地关系亦具有显著的区域差异性，能够满足较多教学内容实践的需要，达到综合考察实习的目的，因此该地区具备人文地理野外综合实习内容的基本要求。从就近、节约实习成本、降低学生经济负担等角度综合考虑，内蒙古财经大学资源与环境经济学院将凉城县作为人文地理野外综合实习基地。

一、区位优势

凉城县作为内蒙古财经大学人文地理野外综合实习基地，不仅具备独特的自然地理环境和人文环境，其区位优势也十分明显。凉城县位于内蒙古自治区乌兰察布市中南部，地处东经 112°02′至 113°02′之间，北纬 40°10′至 40°50′之间，东邻丰镇市，西与呼和浩特市接壤，南与山西省左云县、右玉县交界，北和卓资县相邻。县境东西最长 82 公里，南北最宽 73 公里，总面积为 3458.3 平方公里。凉城县是蒙、晋、冀三省区交界

的中心地带，位于呼和浩特市、大同市、朔州市以及集宁市四个城市的交汇处，是内蒙古自治区核心经济区呼包鄂地区的"后花园"。

二、政区现状

截至 2013 年，凉城县总人口 24.38 万，常住人口 18.1 万，流动人口 3.6 万，男女性别比为 117:100。全县农村户籍人口 21 万，实际农业常住人口 17.2 万；城镇（岱海镇）户籍人口 3.8 万，实际常住人口 7.9 万，流动人口 4.1 万人。全县辖 5 个镇（岱海镇、麦胡图镇、六苏木镇、永兴镇、蛮汉镇），3 个乡（天成乡、厂汉营乡、曹碾满族乡），1 个办事处（岱海旅游区办事处），132 个村民委员会，10 个居民委员会，898 个村民小组，49 个居民小组。

三、良好的人文环境

凉城县是一个以蒙古族为主体，汉族为多数，多民族共同居住，经济文化、科学技术相对发达的农业县。该县历史悠久，人文荟萃，早在 6000 多年前，古人类便在此繁衍生息，留下了华夏祖先傍海而居的足迹，著名考古学家苏秉琦先生曾将这里赞誉为"太阳升起的地方"。有文字记载以来，这里就成为草原文明和中原文明水乳交融的沃土。数千年来，在这方钟灵毓秀的土地上，英贤辈出，俊采星驰。赵武灵王，胡服骑射；良将李牧，保国戍边；飞将李广，拒敌阴山；鲜卑拓跋，开北魏基业；木兰从军，展巾帼英姿；康熙巡边，始有马刨神泉。新中国成立后，众多国家领导人和社会知名人士都曾踏上这方热土。悠久的历史和灿烂的文化孕育了勤劳、勇敢、纯朴、善良的凉城人民。凉城县是北方人类文明的发祥地，迄今为止已发现各个时期的文化遗址 291 处，形成了以老虎山、园子沟和王墓山遗址为代表的环岱海遗址群，其在 2001 年被国务院确定为第五批全国重点文物保护单位。2007 年环岱海遗址群及岱海旅游区被评为内蒙古十大历史风景名胜区。著名考古学家苏秉琦先生曾说过，现在历史教科书上的半坡文化是土房矮屋，而凉城的老虎山、园子沟是高楼大厦，它们是中华民族五千年文明的曙光。

四、独特的地理环境

全县土地总面积 3458.3 平方公里（518 万亩），约占自治区总面积的 0.3%。地形总体特征为四面环山、中怀滩川（盆地）。北部为蛮汉山山系，山体狭而陡峭，最高峰海拔 2305 米；南部为马头山山系，山体宽而平缓，最高峰海拔 2042 米；中部为内陆陷落盆地——岱海盆地，岱海镶嵌其中。地质构造比较复杂，处于华北地台北缘，地台基底大约于前寒武纪的吕梁运动形成，现今的地质构造和地貌轮廓奠定于中生代燕山运动。地表覆盖物在第三纪和全新世形成，盖层中有玄武岩、花岗岩和片麻岩类等，是本县主要的成土母质。地貌轮廓和结构主要受地质构造基础所控制，凉城县总地势为四面环山、中间滩川和山中盆地。全县平均海拔 1731.5 米，山地面积为 1654.2 平方公里，占总面积的 47.83%；丘陵面积为 811.3 平方公里，占总面积的 23.46%；盆地面积为 827.6 平方公里，占总面积的 23.93%；水域面积为 165.3 平方公里，占总面积的 4.78%。凉城县素有"七山一水二分滩"之称。全县耕地 95 万亩，其中水浇地 24.02 万亩（水浇地中节水灌溉面积 10 万亩），占总耕地面积的 25.28%；旱地 70.98 万亩，占总耕地面积的 74.72%（其中沟湾地 18 万亩，占总耕地面积的 18.95%）；人均耕地 3.99 亩；林地 146 万亩；草地 140 万亩；林草覆盖率 62.08%，森林覆盖率 35.06%，位居全区前列，在全市排第一位。

 五、丰富的旅游资源

凉城县自然风光独特，历史文化悠久，蕴藏着十分丰富的旅游资源，是自治区重点发展的旅游县。境内有二龙什台国家森林公园和岱海 4A 级旅游度假区等著名景区。二龙什台国家森林公园地处内蒙古凉城县西北部的蛮汉山，距呼和浩特市 60 余公里，1993 年国家林业部批准其成立国家森林公园，面积达 4 万多亩。凉城岱海 4A 级旅游区位于内蒙古自治区中南部乌兰察布市凉城县岱海湖畔，在呼和浩特、乌兰察布、大同三市环绕的三角中心，是内蒙古中西部面积最大的旅游区，距首府呼和浩特市 100 公里，距大同市 110 公里，距首都北京 420 公里。岱海南北长 10 公里，东西宽 35 公里，盛夏时节略呈椭圆形的岱海宛如莲叶初露，翠色可人。岱海被当地人誉为"凉城的眼睛"，岱海湖及其湿地对乌兰察布市特别是凉城县维持生态平衡、调节气候环境发挥着重要的作用。岱海旅游区依托岱海优良的生态旅游资源，整合了周边的温泉、草原、湿地、寺庙和红色旅游资源，是内蒙古自治区唯一的同时拥有 4A 级景区和四星级酒店的旅游度假区。

 六、良好的经济发展环境

凉城是个传统的农业大县，2011 年提出了打造"工业强县"的宏伟目标，全面优化工业内部结构，三次产业比由"十一五"末的 19∶51∶30 优化为 24∶47∶29，全县工业经济迅速驶入"快车道"。"十二五"期间，凉城县工业经济总量稳定增加，新上工业项目 13 个，总投资 34.11 亿元，实际完成 25.77 亿元，较"十一五"期间新上工业项目多 5 个。全县地区生产总值由"十一五"末的 66.76 亿元增加到 77 亿元。近几年来，凉城县经济发展较快，其中第二、第三产业发展尤为迅速，如内蒙古岱海发电有限责任公司位于内蒙古自治区乌兰察布市中部凉城县岱海南岸，是国家实施"西部大开发"和"西电东送"战略的重点工程之一，是北京市与内蒙古自治区合作办电的重点项目，由北京能源投资（集团）有限公司和内蒙古蒙电华能热电股份有限公司按51%和49%的比例合资建设。一期工程安装两台国产600MW亚临界湿冷燃煤机组，分别于2005年10月19日、2006年1月21日完成168小时试运、投入商业运营，所生产电能通过500千伏输电线路经河北万全站直接送入京津唐电网。二期工程安装两台国产600MW亚临界空冷燃煤机组，目前已建成并具备发电能力。截至2013年底，公司累计完成发电量804.42亿千瓦时，实现利润47.70亿元，累计上缴税金32.72亿元，为当地经济社会发展做出了巨大贡献。

七、良好的政策环境

面对新的机遇和挑战，凉城县以豪迈的步伐奋力赶超。诚信的凉城县正以百倍的热忱广纳群贤。对于对全县经济社会发展有重大影响的投资项目，凉城县实行"政策随着项目走"的办法，一事一议、特事特办。在服务方面，凉城县努力营造高效快捷的政务环境、公正严明的法制环境、规范有序的市场环境和文明和谐的人文环境，为客商提供"全程一站式"的"保姆式"服务，使投资者真正感到宾至如归。在优惠政策和优质的投资环境的共同作用下，近年来凉城县招商引资工作取得丰硕成果，一批如北京能源投资集团、北京金隅集团、乌兰水泥厂等国内外大型企业和众多有识之士相继在凉城投资创业，为凉城县域经济的发展注入了新的生机和活力。近几年是凉城县建设一流强县、构建和谐凉城的关键时期，该县以建设生态大县、工业大县、文化旅游大县为重点，培育壮大电力、化工、建材、生物制药、农畜产品加工、旅游六大主导产业，努力保持经济社会高速、平稳、长周期发展。

第三节　人文地理野外综合实习前期准备工作

一、教学研究队伍组建

由人文地理各分支学科（包括城市地理、经济地理、文化地理、人口地理、交通地理等）的任课教师组成实习教学研究小组，根据各门课程的特点和主要基础理论知识，确定人文地理野外综合实习的主要内容、重点和难点，拟定研究课题题目，制订工作计划，编写调查纲要和工作方案，并进行汇总。

二、实习资料收集

根据人文地理学的教学内容以及内蒙古财经大学资源与环境经济学院"区域资源

环境实习"课程的教学大纲和目标要求，确定人文地理野外综合实习的主要内容。从相关部门如凉城县图书馆，岱海镇政府，各旅游景区、经济开发区和产业园区等部门收集相关资料，如历史文献、规划文本、总结报告和统计年鉴等，公布实习计划和日程安排，进一步确定实习内容和实习路线，同时组织教师编写人文地理野外综合实习指导书。

 ### 三、实习线路考察

实习线路考察主要是指导教师对实习按照路线进行预考察，联系县政府和各个实习部门，预估实习时间的长短，确保在计划内完成实习内容。在预考察中应及时发现实习安排中存在的问题，进行修订后执行。

第四节　人文地理野外综合实习教学环节

 ### 一、准备阶段

内蒙古财经大学人文地理野外综合实践教学，采取教师带领下的统一线路实习和学生为主导的小组专题实习相结合的方式。教师统一带领下的集体实习，主要由以下环节组成：实习计划的制订、实践小组的安排、确定实习专题内容、实习落实、实习准备等。即根据最新研究课题要求和实习基地城镇发展变化，设计实习专题内容；进行实习小组的分组并进行选题；联系各个实习部门，确定实习路线；举行动员大会，准备实习用品。

分小组实习涉及多个环节，具体包括：分组进行实习方案的制订和小组实习线路的设计、分组进行汇报和讨论、实习内容和线路的优化、进行文献查阅和问卷设计等。分组讨论和汇报的过程中，小组之间应交流看法，同时指导教师给予建议和指导，优化实习内容和线路。本环节的完成应充分体现学生的主导地位，技术路线制订、研究方法选择、数据采集、研究报告写作和成果总结等由小组成员合作完成。

二、实地考察阶段

此环节由指导教师全程带领学生，安排实习活动。具体而言，就是教师带领学生按照实习指导书走预定的实习线路，到达实习地点，实施具体的考察内容。在此过程中，学生要注意听取带队教师的讲解和部门专业人员介绍，沿途做好记录，包括调查结果、学习心得等内容。小组分散实习则是各小组在组长的组织下，到特定的实习地点，采用访谈、问卷调查、数据统计等方法，获取第一手数据资料进行分析。

三、实习汇报与成绩评定

实习结束后，学生分别完成总实习报告及专题报告。其中，实习专题报告总结汇报环节、动态和综合评价非常重要。实习后的学习结果评价反映了学生此次实习的成果和不足之处，对学生今后的学习有很大帮助。同时，由于一些学生在实习过程中存在"走过场"现象，而单纯以实习报告评定成绩难以反映学生的具体实习情况，因而需要注重动态考核，以此激发学生学习的动力，促进学生在实习中自律。野外实习成绩的评定由组织评定、自我评定和小组评定三个部分组成。

第五节　人文地理野外综合实习内容和实习线路安排

一、实习内容设计

鉴于地理科学类专业人才的培养目标，根据凉城县的具体实际情况和人文地理野外综合实习的具体要求，实习应以评价区域内人口、资源、环境与可持续发展的关系，论证人与环境协调发展的途径与对策为主要内容，涉及城市地理学、经济地理学、文化地理学、旅游地理学、人口地理学和交通地理学等分支学科，具体的实习内容主要包括：从整体上对比不同自然地带与人文活动区的地域差异，并从地质、地貌、气候、水文、土壤、植被等自然地理要素的考察入手，进而开展产业、交通、聚落及人口、民族、文化与人地关系等人文、经济地理要素的分析，剖析区域诸要素间的内在联系与相互作用，正确评价区域内人口、资源、环境与可持续发展的关系，论证人与环境协调发展的途径与对策。如区域地理环境结构特征，自然、人文景观特征，资源分配情况对当地经济发展的影响；区域文化与人文景观及其与地理环境之间的联系；人类社会活动对当地自然环境的影响等内容。具体实习内容详见表4-1。

表4-1　　　　　　　　　人文地理野外综合实习具体内容

学科领域	人文地理实习内容
城市地理学	凉城县城镇空间组织形态；土地类型及利用现状；小城镇发展现状研究；城镇化进程研究等内容
经济地理学	凉城县在乌兰察布市建设发展中的战略地位；凉城县工业布局调查研究；凉城县产业园区作用分析；凉城县产业园区产业集群状况调查；凉城商业网点的布局调查等内容
文化地理学	凉城县的风俗文化；习俗与地理环境之间的关系；凉城民族风情与历史文化在旅游发展中的传承与保护等内容

续表

学科领域	人文地理实习内容
旅游地理学	凉城县旅游发展的问题与对策分析；凉城县旅游功能分区与空间布局；凉城县旅游资源类型与丰度分析；凉城县旅游资源与生态环境的有效保护与发展利用等内容
乡村地理学	凉城县地理位置、气候、地形及传统文化对于乡村聚落的影响；美丽乡村建设调查；乡村振兴战略实施情况调查；十个全覆盖的实施效果调查等内容
人口地理学	凉城县人口调查分析；凉城县人口年龄结构以及人口老龄化现状分析考察等内容
交通地理学	不同交通方式下的交通基础设施可达性格局与格局演化；社会公共服务设施空间可达性研究等内容
行为地理学	凉城县居民日常活动行为空间的规律性分析等内容

二、实习注意事项

人文地理学野外综合实习过程中，要注意以下几个方面：

（1）引导学生在考察的过程中注重人文地理要素的观察，思考这些人文地理要素的类型、结构和分布规律，做好记录等；

（2）学生在指导教师的讲解下以小组形式进行考察，并与访问相结合，在重点区域可加重辅导；

（3）重点调研和一般调查相结合，指导教师可以选择典型地段及问题较为集中的区域进行讲解，使学生能够理解人文地理类型及其现象特征，理解类型与现象的因果关系，考察路线尽量避免调查区域特征雷同，应让学生更多关注人文地理现象的空间分布规律及其与当地社会经济发展的变化规律，做到"点""面"结合，让学生全面了解人文地理现象的空间变化规律；

（4）要求学生做好野外考察记录、问卷调查报告、人文现象摄影资料、实习心得、实习论文和实习报告等。

三、实习评价

实习成绩是野外实习课程教学任务的主要形式，同时也是实习教学任务全面完成的标志。野外实习课程主要针对以下六个方面对学生进行综合评价：（1）野外调查考核：指导教师在野外调查过程中现场对学生进行提问，根据学生回答问题是否全面来判定其分析和解决问题的能力；（2）野外考察的原始记录及各种资料的搜集情况；（3）实习过程中的团队合作、互助精神的考核；（4）实习小组独立完成任务的创新和思考能力考核；（5）实习结束返校后的书面或口头考试成绩考核；（6）实习报告、实习论文的考核。总体上根据学生个人表现、小组团队精神及指导教师意见三级鉴定意见进行综合成绩评定。

第六节　人文地理野外综合实习效果评价

 一、对学生进行拓展训练，使理论知识与实际紧密结合

人文地理野外综合实习使学生的课堂知识转化到实践应用当中，使学生的实践创新能力得到加强。从往届学生的实习综合考评成绩可以看出，通过实习学生已经初步掌握了人文地理学野外调查的一般程序和方法，可以运用人地关系理论分析和解决社会经济发展过程中的诸多问题，这也为部分毕业生考取地理科学类硕士研究生打下了扎实的专业基础。

二、使学生掌握专题调查的技巧与方法，培养了学生的科研能力和团队协作精神

实习过程中准备的各项专题调查内容，使学生的专业基础知识得到了拓展，初步掌握了城镇空间组织形态、人口调查分析、土地类型及利用现状、城镇化进程研究、工业布局调查研究、旅游功能分区与空间布局、旅游资源与生态环境的有效保护与发展利用等方面的调查方法及技巧，培养了学生的独立思考能力、实践操作能力、工作能力和公关等能力。同时，采用分小组野外实习，学生能够参与到教师的各类科研项目，锻炼了学生的团队协作精神和个人的科研能力。

三、学生独立工作能力、组织及管理能力和表达能力得到提升

在野外实习过程中，指导教师在讲解的同时对学生进行有针对性的提问，要求学生当场回答问题；同时，在每天实习结束后，组织小组形式的讨论会和交流会，让学生自己总结发言。通过这种形式可以加强学生的专业训练，使学生的独立工作能力、组织管理能力和口头表达能力得到不同程度的提升，对未来从事相关专业工作也大有益处。

四、对学生的爱国主义热情、理想、纪律及劳动教育得到提升

在野外实习过程中，学生可以近距离接触实习区域的自然环境和人文环境，尤其是随着我国城镇化发展进程的加快，城镇基础设施日趋完善，城镇面貌焕然一新，通过综合实习可以激发学生的爱国主义热情，同时加强学生对地理科学专业的理想教育。在实习期间，学生深入到农村、产业园区、旅游景区等地进行实习调查工作，会使其独立完成工作的能力得到提高，组织纪律性和克服困难的勇气得到有益的锻炼，综合素质得到提升，从而为将来投身社会主义建设奠定了基础。

【思考题】

1. 人文地理社会调查问卷的基本结构包括哪些部分？

2. 简述人文地理野外综合实习的主要环节，你觉得人文地理野外综合实习中最重要的环节是什么？

第五章 区域资源环境野外实习
成绩评价体系

内蒙古财经大学资源与环境经济学院一直很重视综合野外实习教学环节，并取得了一定的教学效果。但是我院由于地理科学类相关专业设立时间较短，还未形成系统的实习成绩评价方法，成绩评定存在着很大的主观性。因此有必要建立系统的区域资源环境野外实习成绩评价体系，加强对学生野外实习的成绩考核和量化管理，更好地实现区域资源环境野外实习的目的。

第一节 评价方法与评价指标的建立

地理野外实习对学生的学习和锻炼都有重要的意义，而如何通过建立合理和可操作的成绩评价体系来督促学生更好地实现野外实习目的，就显得十分重要。在复杂的地理野外实习过程中，影响实习成绩的因素较多。过去的成绩评价往往重视结果而忽略过程，重视对基本知识的把握而忽视对地理技能的学习锻炼及对地理学思想的培养，重视知识的传授而忽略对学生综合素质和创新能力的培养，在考核学生成绩的方法上大多采用定性方法，并无量化考核标准。

区域资源环境实习分为准备阶段、野外过程和成果总结三个阶段，据此我们把成绩评价也分为三个不同部分来进行，每个阶段又根据实习的活动内容进一步划分出不同的要求，在每个阶段给出成绩的基础上，再通过各个阶段的权重，最后得出总的成绩。这样既可以让学生明确每个阶段要做些什么、要求是什么，又便于老师及时地给出成绩。为此，我们将区域资源环境野外实习成绩评定的内容分为三个部分，即准备、野外、成果三个评价因子，每个评价因子下再细分考评指标，制定出考评标准，构成评价指标体系（见表5-1）。

表5-1　　　　　　　　　　　　野外实习评价指标体系

评价因子	权重	考评指标	分值
准备评价	10	实习物品准备	5
		实习指导书的学习	5

续表

评价因子	权重	考评指标	分值
野外过程评价	50	组织纪律	7
		实习态度端正、表现出良好的意志品质	7
		野外记录：规范记录，内容详细	6
		内容掌握：能够将所学的运用到实践中来	10
		专业技能：动手能力，实践能力	8
		专业水平：发现问题、分析问题、解决问题的能力	12
成果评价	40	实习报告	20
		论文质量	15
		思想总结	5

第二节 考评指标评价标准和权重确定

上述评价指标体系中，共有 11 个考评指标。对于实习成绩的量化考核，最终要落实到评价标准的制定及确定权重。根据近几年来的野外教学和改革，评价标准和权重确定如表 5 - 1 所示。

一、准备评价

1. 实习物品准备

野外实习中要携带大量的实习观测仪器和工具，这些仪器和工具都有其使用、保管和携带的规范，通过准备阶段的学习，既可以使学生在野外很好地使用这些仪器和工具，又利于对学校财产的保管。

2. 实习指导书的学习

野外实习指导书有助于学生提前了解实习区域的基本情况，明确每个实习点和区域的实习内容和目的，所以学习实习指导书对于提高实习效果有重要的意义。

二、野外过程评价

1. 组织纪律

野外实习过程中严格遵守组织纪律不但是实习能够顺利完成的基本保障，还是学生自身安全的保障。学生需要遵守两方面的纪律：（1）实习队伍的组织纪律；（2）实习基地的纪律。组织纪律的评定可以从实习过程中的考勤、活动秩序、服从教师安排以及实习纪律的遵守情况四个方面来评定。

2. 实习态度

实习态度主要从实习资料及相关文献的阅读、理解情况，实习工具的准备、携带情况，实习基本技能的掌握情况来评定。意志及品质主要体现在吃苦耐劳的精神、对实习事务的关心、对同学的帮助情况、协作精神、实习过程中突发事件的应变能力和面对实习过程所遇困难的坚持情况。

3. 野外记录

野外记录是实习过程中的一个重要环节，为实习报告提供了第一手资料。因此，准确、翔实、完整的野外记录是进行研究的前提。野外记录主要从记录的详尽程度，图文情况，生动与否，规范程度几方面来评定。

4. 内容掌握

区域资源环境野外实习是学生所学内容掌握程度的综合展示，是检验学生能否将所学理论运用到实践中的必需过程。内容掌握程度主要从学生在实习过程中能否对地理事物和地理现象进行准确判断、描述、理解和解释方面进行评定。

5. 专业技能

具备较强的专业技能是提高野外实习质量的重要途径，专业技能的熟练掌握有助于详细分析研究自然地理要素和人文地理要素。专业技能评价主要从学生对实习工具使用的熟练程度、实验的操作技能熟悉程度、野外实习过程的基本经验、野外观察和综合分析问题的能力等方面进行评定。

6. 专业水平

专业水平是学生学习主观能动性的具体体现，是研究分析能力的综合评价指标。它主要评价学生发现问题、分析问题和解决问题的能力。

三、成果评价

1. 实习报告

实习报告是区域资源环境野外实习的最终成果，综合体现了学生的理论水平和实践能力，报告主要从内容是否全面、各部分结构是否合理、对地理现象的描述是否科学、语言表达是否清晰流畅、图文质量是否优秀几方面来评价。

2. 论文

论文质量主要从野外调查方法的科学性、调查成果的可信性和对问题综合分析的准确性等方面评价。

3. 思想总结

综合评价学生在实习过程中的团结协作精神、班委组织能力、科研水平、独立活动能力、吃苦精神和持之以恒的意志。

第三节 成绩评定的实施和组织

一、成绩评定实施的可操作性

首先，在实习准备过程中对学生进行异质性分组，根据学生的学力水平、学习成绩、实践动手能力、体力和性别等进行异质性分组。根据实习内容，一般以 8~10 人为一组，由教师指定一名负责人，负责记录实习物品的携带情况、考勤和实习过程中学生的违纪情况。其次，教师要深入到学生中进行现场检查与情景测验。在每天实习结束后，教师要将学生一天的实习记录本收取，并对其内容进行严格的检查，及时对学生进行提问和引导，另外还要时刻注意学生在实习中的表现。教师根据平常了解和现场检查情况，学生的实习态度和表现，所学知识与技能的应用情况，学生获取信息及处理信息的能力，学生发现问题、分析问题及解决问题的能力等给予学生及时的评价和反馈。最后，在实习答辩过程中，答辩小组教师根据学生回答问题的正确性、完整性、严密性、反应速度、表达能力以及基本概念的清晰程度等打分，并将成绩一并计入成果评价成绩中。

二、成绩评定的组织过程

野外实习成绩的评定分为组织评定、自我评定和小组评定三个部分。组织评定是由野外实习指导教师组成评定小组，进行公正、合理的考评；自我评定是由学生对照标准，进行全面的、实事求是的总结与评定；小组评定是由实习小组组内进行评定。评定应力求做到客观、公正、公开和具有可比性。

组织评定成绩记为 T（由评定小组评定），取权重 0.6；自我评定成绩记为 S（自我评定），取权重 0.2；小组评定成绩记为 C，取权重 0.2。总成绩 $N = 0.6T + 0.2S + 0.2C$。

通过建立实习成绩评价指标体系和制定评价标准，并进行量化管理，使学生更好地了解到野外地理工作的一般过程，加深了其对概念的理解，使抽象的理论更加具体化、形象化，并且培养了学生野外独立工作和团队协作的能力，以达到实习的目的。

参 考 文 献

［1］甄江红. 区域地理野外实习设计研究［J］. 内蒙古师范大学学报，2003，32
（3）：286－290.

［2］李振泉. 论统一地理学［A］. 自然地理与中国区域开发［C］. 武汉：湖北教
育出版社，1989：10－14.

［3］陆大道. 区域发展及其空间结构［M］. 北京：科学出版社，1998.

［4］郑度. 21 世纪人地关系研究前瞻［J］. 地理研究，2002，21（1）：9－12.

［5］魏遐，徐萌. 资源环境与城乡规划管理专业实习教程［M］. 杭州：浙江工商
大学出版社，2012.

［6］朱新玉. 人文地理学野外实习教学改革实践与探讨［J］. 商丘师范学院学报，
2014，30（6）：132－135.

［7］赵荣，王恩涌，张小林. 人文地理学：第二版［M］. 北京：高等教育出版社，
2009.

［8］郑伟民，杨诗源. 高师人文地理学野外实习课程建设研究［J］. 高师理科学
刊，2009，29（6）：113－117.

［9］叶超. 人文地理学空间思想的几次重大转折［J］. 人文地理，2012，27（5）：
1－5.

［10］汤茂林. 我国人文地理学研究方法多样化问题［J］. 地理研究，2009，28
（4）：865－882.

［11］张海鹰. 社会调查方法在人文地理野外实践教学中的应用［J］. 高师理科学
刊，2011，31（6）：105－108.

［12］吴传钧. 人地关系地域系统的理论研究及调控［J］. 云南师范大学学报（哲
学社会科学版），2008，40（2）：1－3.

［13］武锐. 文山学院地理专业野外实习成绩评价体系研究［J］. 文山学院学报，
2010，23（3）：99－101.

［14］甄江红. 区域地理野外实习模式探析［J］. 内蒙古师范大学学报，2017，30
（2）：158－164.

［15］蒙吉军. 自然地理学方法［M］. 北京：高等教育出版社，2013.

［16］海兴春，陈健飞. 土壤地理学［M］. 北京：科学出版社，2010.

［17］伍光和. 自然地理学［M］. 北京：高等教育出版社，2008.

［18］陈龙. 阴山山脉植被及其分布格局［D］. 内蒙古大学，2016.

[19] 李洪喜，杜松金，张庆龙，等．内蒙古大青山地区构造特征与成矿关系 [J]．地质与勘探，2004，40（2）：46－50．

[20] 田海芬，刘华民，王炜，等．大青山山地植物区系及生物多样性研究 [J]．干旱区资源与环境，2014，28（8）：172－177．

[21] 王希平，张韬，刘佳慧，等．辉腾锡勒风电场局域环境植被特征分析研究 [J]．内蒙古农业大学学报（自然科学版），2013（4）：70－75．

[22] 海春兴，周瑞平，满都呼，等．内蒙古辉腾锡勒环境特点及其资源开发利用研究 [J]．内蒙古师范大学学报（哲学社会科学版），2014（1）：140－145．

[23] 马保连，燕红，朱宗元，等．内蒙古辉腾锡勒自然保护区植物资源 [J]．环境与发展，2006，18（2）：52－54．

[24] 苗万强．土壤采集制备及样品前处理方法的研究进展 [J]．黑龙江环境通报，2017，41（2）．

[25] 杨立国，刘小兰．人文地理与城乡规划专业"三结合"专业实习模式探析 [J]．高教论坛，2017，10（3）：24－25．

[26] 高等教育司．普通高等学校本科专业目录和专业介绍 [M]．北京：高等教育出版社，2012．

[27] 张晓芳．人文地理学短途实习的设计和探讨——以苏州市木渎镇实习基地为例 [J]．高等教育，2017，10（11）：164－165．

[28] 李涛，梁晓芳，陈德宁，皮平凡．关于人文地理与城乡规划专业野外教学实习的思考——兼论韶关实习基地的建立 [J]．教育现代化，2016，8（21）：177－178．

[29] 李俊，陈勇，苗作华，等．人文地理与城乡规划专业经济地理学课程教学改革探讨 [J]．高教学刊，2015（9）：34－35．

[30] 张红梅，陈孝杨，叶玉婷，王校刚．"区域环境与资源调查"综合实习平台的构建与实践优化 [J]．中国地质教育，2017，10（4）：50－53．

[31] 谢文海，麻明友，李悦丰．资源环境与城乡规划管理专业综合教学实习的研究与实践——以吉首大学为例 [J]．高等教育研究，2015（9）：90－91．

[32] 武吉华，张绅．植物地理学：第4版 [M]．北京：高等教育出版社，2004．

[33] 李天杰，赵烨，张科利，等．土壤地理学：第三版 [M]．北京：高等教育出版社，2005．

[34] 龚子同．中国土壤系统分类 [M]．北京：科学出版社，2003．

[35] 朱鹤健，等．土壤地理学 [M]．北京：高等教育出版社，2010．

[36] 杨士弘．自然地理学实验与实习 [M]．北京：科学出版社，2002．

[37] 舒良树．普通地质学 [M]．北京：地质出版社，2010．